자전거 여행 바이블 국토종주편

이준휘 지음

꿈의지도

2012년 한강, 남한강, 새재, 낙동강자전거길이 차례로 개통되면서 서울에서 부산까지 자전거로 여행할 수 있는 코스가 탄생했다. '국토종주' 코스로 명명된 이 자전거길의 탄생은 우리나라 자전거 여행 대중화를 이끈 하나의 사건이었다. 과거 패기 넘치는 일부 젊은이나 전문 동호인들만 도전할 수 있었던 장거리 자전거 여행을 일반인들도 어렵지 않게 즐길 수 있게 된 것이다. 국토종주 코스 개통 이후 다양한 자전거길이 열렸다. 금강과 영산강에 이어 북한강, 섬진강, 오천자전거길이 추가로 개통되었다. 2015년 제주환상자전거길과 동해안자전거길 강원 구간이 연이어 개통되면서 강에 이어서 해안선을 따라 달리는 바닷길이 추가되었다. 이로써 전국을 아우르는 자전거도로 인프라가 얼추 완성됐다. 김포에서 DMZ를 따라 강원도 고성까지 가는 평화누리길과 미개통된 동해안자전거길 울산~부산 구간만 열리면 명실상부하게 국토를 사방팔방 연결하는 자전거길이 완성된다.

국토종주자전거길은 집 근처에서 맴돌던 자전거 동호인들이 더 큰 세상으로 나아가게 하는 징검다리 역할을 한다. 처음으로 출발지를 벗어나 미지의 목적지를 향해 떠나는 모험을 경험하게 된다. 특히, 서울에서 부산까지 630km를 달리는 국토종주 코스의 존재감은 단연 압도적이다. 자전거를 타는 사람이라면 누구라도 한 번쯤 도전해보고 싶은 목표다. 이 여정을 통해서 자전거 여행의 즐거움뿐만 아니라 성취감도 맛볼 수 있을 것이다. 국토종주 코스를 완주한 사람은 초보자 티를 벗고 어느 곳이든 갈 수 있는 전국구 라이더로 변신하게 된다.

필자에게도 본격적인 자전거 여행의 시작은 가족과 함께 했던 국토종주였다. 나에게는 규형, 재원 두 아들 형제가 있는데, 막내 재원이가 초등학교에 들어가던 해 처음으로 두 바퀴 자전거를 사줬다. 그때부터 우리 가족은 모두 자전거 여행자가 되었다. 처음에는 가까운 한강 둔치에서 자전거를 탔지만, 점점 활동 범위가 넓어졌다. 수도권 인근 자전거 코스를 섭렵했고, 2012년 봄에는 국토종주까지 도전하게 됐다. 서울에서 부산까지 꼬박 일주일이 걸린 대장정이었다. 이때 만났던 사람들과 지나쳤던 풍광들, 그리고 소박하지만 장거리 라이딩에 허기를 채워주던 맛있는 음식들, 그 모든 것이 우리 가족에게 깊은 인상을 남겼다. 이때부터 우리 가족은 자전거 여행에 푹 빠져 전국 방방곡곡을 자전거로 누볐다.

《자전거 여행 바이블 국토종주편》에는 인증제를 시행하고 있는 총 길이 1,853km에 달하는 자전거길 12곳에 대한 안내를 담고 있다. 《자전거 여행 바이블 수도권편》이 당일치기로 다녀올 만한 코스 위주로 소개했다면 이번에는 본격적인 자전거 여행을 할 수 있는 곳들이 소개되는 셈이다. 물론 전국에 자전거 타기 좋은 곳이 국토종주 자전거길만 있는 것은 아니다. 지자체에서 개별적으로 조성한 코스 가운데도 환상적인 자전거길이 있다. 또 동호인들이 일반 공도를 이어 붙여 만든 멋진 자전거 코스도 수두룩하다. 그러나 이 모든 자전거길을 한 권의 책에 다 담는 것은 불가능하다. 다만, 이 책에서는 국토종주를 하면서 더불어 달리면 좋은 코스 몇 곳을 추가했다. 영산강자전거길이 끝나는 곳에서 시작되는 담양호자전거길, 금강자전거길이 끝나는 군산에서 선유도로 가는 새만금방조제 코스, 섬진강자전거길에 이어 달리면 좋을 옥정호자전거길이 그런 곳들이다. 또 제주환상자전거길에서는 빼놓기에 너무 아까운 곳 섬 속의 섬 우도와 숲과 오름이 어울린 동부내륙도 추가 코스로 소개했다. 여기에 국토종주를 하며 스쳐 지나갔을 충주 탄금호자전거길과 낙동강자전거길 상주~안동 구간, 그리고 아직 인증제를 시행하지 않고 있는 동해안자전거길 번외코스 울산~영덕 구간도 수록해 보다 촘촘한 자전거길 네트워크를 안내하고자 했다.

국토종주 자전거 여행은 당일치기 여행과 달리 준비하고 계획할 것이 많다. 이를 고려해 '준비편'에서는 국토종주 인증방법, 각 자전거길의 난이도, 코스를 구간으로 나누고 라이딩 방향을 잡는 법, 짐 꾸리기와 복장 등에 대해 자세하게 설명했다. 인증제를 시행하는 자전거길 가운데는 1박 이상 일정이 필요한 장거리 코스가 많다. 이런 자전거길은 별도의 프리뷰를 통해 좀 더 자세한 정보를 제공해 독자들이 여행 계획을 세울 때 도움이 될 수 있도록 했다. 또한, 자전거길마다 다양한 방식으로 코스에 대한 정보를 주려고 노력했다. 1박 이상 필요한 장거리 자전거길은 하루 단위로 코스를 나눠서 안내했다. 코스마다 주행거리, 상승 고도, 칼로리 소모량 등 난이도를 수치로 알려줘 그 코스에 대한 대략적인 윤곽을 알 수 있게 했다. 또 누적 주행거리와 누적 주행시간을 통해 전체 자전거길의 진행 상황도 파악할 수 있게 했다. 좀 더 자세한 자전거 여행 정보는 본문 뒤에 별도로 정리했다. 코스 접근은 자전거길 시작지점까지 이동하는 방법에 대해서 알려준다. 지도와 고도표, 코스 가이드는 코스 전반에 대한 네비게이션을 제공한다. 보급과 식사, 숙박 등은 구간을 나눠 코스를 주행할 때 가이드가 될 수 있도록 했다. 또 자전거길에 있는 여행지도 빼놓지 않고 소개했다.

필자가 자전거 여행서를 쓰는 이유는 독자들과 자전거 여행의 설렘을 함께 나누고 싶어서다. 국토종주 자전거 여행은 설렘을 넘어서는 성취감도 맛볼 수 있을 것이다. 이 책을 읽는 독자 가운데 인증제를 시행하는 모든 자전거길을 완주하는 '국토완주 그랜드슬래머'가 많이 탄생했으면 좋겠다. 독자 여러분의 건강하고 행복한 자전거 여행을 기원한다.

이준휘

Thanks for

국토종주 자전거 여행에 동행해줬던 두 아들 규형, 재원에게 감사하다. 그때나 지금이나 여전히 여행의 동반자가 되어주는 아내에게도 진심으로 감사하다. 한여름 삼복더위에도 국토종주 답사에 동행해줬던 떼오돌군에게도 감사하다. 출간을 위해 노력해주신 출판사 꿈의지도와 김산환 대표님께도 깊은 감사의 인사를 드린다. 아낌없는 지원을 해주신 트렉바이시클 코리아의 손영기 팀장님에게도 감사하다. 그리고 여행 중 배고플 때나 길을 잃었을 때, 자전거가 고장 났을 때 선의와 도움을 주셨던, 길 위에서 만났던 많은 분에게도 이 지면을 통해서 다시 한 번 감사 인사를 드린다.

CONTENTS

일러두기

이 책에서는 구간 인증제 시행 자전거길 12곳과 추가로 연계해 달릴 수 있는 코스 7곳을 소개한다. 모든 자전거길에는 난이도, 주행거리, 주행시간 등 자전거 여행에 도움이 되는 정보를 제공한다. 이 정보는 저자가 각 자전거길을 달리면서 얻은 데이터를 기본으로 제공하는 것으로, 정보는 편차가 있을 수 있다.

난이도

난이도는 주행거리, 상승고도, 최대 경사도, 칼로리 소모량 등 4가지 지표를 이용해 계산했다. 주행거리는 코스 길이에 따라 상·중·하로 분류해 난이도에 반영했다. 상승 고도는 주행하는 동안 올라간 고도를 합한 것이다. 최대 경사도는 코스에서 가장 경사도가 가팔랐던 지점의 경사도를 나타낸다. 경사도가 높을수록 급경사 구간을 포함하고 있다. 따라서 난이도는 얼마나 멀리, 얼마나 높게, 그리고 얼마나 가파르게 올라갔는지를 고려해 점수로 산정했으며, 실제로 주행했던 저자의 경험과 노면 상태 등을 고려해서 수치를 보정했다. 지표는 무선 GPS 속도계의 로그 데이터를 기반으로 추출하였으며, 측정오차가 있을 수 있다.

난이도	60점
코스 주행거리	71km(중)
상승 고도	265m(중)
최대 경사도	5% 이하(하)
칼로리 소모량	2,416kcal

난이도는 코스의 어려운 정도를 나타내는 지표다. 점수로 표시되며 점수가 높을수록 어려운 코스다.

코스 접근성

자전거길 시작점이 되는 곳까지의 거리를 표시한다. 모든 코스 접근성은 반포대교를 기준으로 했다. 반포대교가 잠수대교를 통해 강남과 강북을 연결하는 수도권 자전거 교통의 요지인 점과 국토종주 자전거 여행 시 가장 많이 이용하는 강남고속버스터미널이 인근에 위치했기 때문이다.

코스 접근성 372km 대중교통 가능

├─────── 고속버스 372km ───────┤

강남고속버스터미널   울산고속버스터미널

접근성은 출발지에서 코스가 시작되는 시발점까지의 거리를 표시한다. Km로 표시되며 단위가 클수록 멀리 떨어져 있는 코스다.

국토종주 자전거길에 대한 정보는 2021년 6월 기준입니다. 자전거길은 태풍이나 홍수 같은 자연재해와 보수 공사 등의 이유로 일부 구간의 정보가 달라질 수 있습니다. 또한 교통과 숙박, 식당 정보 또한 변경될 수 있습니다. 특히, 사회적 거리두기 단계에 따라서 크게 영향을 받습니다. 자전거 여행을 떠나기 전에 한 번 더 체크하기를 권합니다.

소요시간

소요시간은 자전거 여행에 걸리는 전체 시간을 알려주는 지표다. 목적지까지의 이동 시간과 자전거 라이딩 시간, 그리고 출발지로 되돌아오는 시간을 합해서 산출한다. 이동시간에 교통정체와 같은 예외사항은 고려하지 않았으며, 코스 주행시간은 저자의 라이딩 실제 측정값을 기본으로 했다. 코스 주행시간에는 실주행시간과 멈춰 있던 휴식시간이 모두 포함되었으며, 개인별 실력에 의해서 차이가 발생할 수 있다.

소요시간은 코스까지 이동시간과 실제 라이딩 시간, 출발지로 되돌아오는데 걸리는 시간을 표시한다.

소요시간 **12시간 2분** 당일코스		
가는 길	코스 주행	오는 길
버스 1시간 50분 **버스** 40분 총 2시간 30분	7시간 30분	**자전거** 32분 **버스** 1시간 30분 총 2시간 2분

1박 2일 이상 종주 여행의 경우

누적 주행거리

2일차부터 접근성은 누적 주행거리로 바뀐다. 1일차 주행거리에 2일차 주행거리까지 더해서 종주기간 동안의 총 누적 주행거리를 km 단위로 표시한다.

누적 주행거리 173km

임실버스 섬진강댐   곡성 압록   구례   하동   배알도
터미널 인증센터   인증센터

1일차 101km · 2일차 72km

누적 소요시간

2일차부터 소요시간은 누적 소요시간으로 바뀐다. 1일차 가는 길에 걸리는 시간과 1일차 코스 주행시간, 2일차 코스 주행시간이 더해져 여행 기간 동안의 총 누적 소요시간을 표시한다.

누적 소요시간 **19시간 31분** 1박2일 추천			
가는 길	1일차 코스주행	2일차 코스주행	오는 길
버스 4시간	5시간 45분	6시간 6분	**버스** 3시간 40분

자전거 여행 바이블

프리뷰

자전거 여행의 대명사 국토종주자전거길

국토종주자전거길은 국토부와 행안부에서 구축하고 유지관리 하는 12곳의 자전거길을 의미한다. 이명박 정부 시절 4대강 정비사업과 함께 추진되어서 초기에는 4대강 자전거길로 불리기도 했다. 국토종주자전거길은 한강(남한강 구간), 낙동강, 금강, 영산강자전거길이 먼저개통되었다. 이후 섬진강, 오천, 북한강, 제주도, 동해안자전거길이 추가로 조성되면서 2021년 현재 12곳으로 늘어났다.

국토종주자전거길은 제주도와 동해안을 제외하면 강을 따라 조성되어 있는 강변 자전거길이 대부분이다. 이런 이유로 우리강 자전거길이라는 또 다른 명칭을 갖고 있기도 하다. 섬을한 바퀴 돌아보는 제주도환상자전거길을 제외하면 출발지와 도착지가 다른 종주 코스라는점도 국토종주자전거길의 특징이다. 2021년 현재 국토종주자전거길의 총 연장은 1,853km에

국토종주자전거길 구분

명칭	구간(시점-종점)	길이	개통시기
한강자전거길	서울 구간(아라한강갑문-팔당대교)	56km	1990년대
	남한강 구간(팔당대교-탄금대)	132km	2011.10
아라자전거길	아라서해갑문-아라한강갑문	21km	2011.11
새재자전거길	탄금대-상주상풍교	100km	2011.11
낙동강자전거길	상주상풍교-낙동강하구둑	385km	2012.04
금강자전거길	대청댐-금강하구둑	146km	2012.04
영산강자전거길	담양댐-영산강하구둑	133km	2012.04
북한강자전거길	밝은광장-신매대교	70km	2012.12
섬진강자전거길	섬진강댐-배알도수변공원	149km	2013.06
오천자전거길	행촌교차로-합강공원	105km	2013.11
제주환상자전거길	제주도 일주	234km	2015.11
동해안자전거길(강원)	통일전망대-임원항	242km	2015.05
	망상-옥계구간	3.9km	2019.06
동해안자전거길(경북)	은어다리-해맞이공원	76km	2017.04

출처: 자전거행복나눔 홈페이지

달한다. 동해안자전거길에 이어 남해안과 서해안, 그리고 비무장지대(DMZ)까지 전국을 'ㅁ' 자 형태로 돌아보는 전국 자전거 도로망이 구축될 예정이었으나 서해안과 남해안자전거길은 보류 상태. 이 가운데 DMZ를 따라 조성되는 평화누리자전거길이 2021년 말 개통을 준비하고 있다. 또 강원도 고성에서 울산까지 조성되어 있는 동해안자전거길은 향후 해당 지자체 주도로 부산까지 연결을 추진하고 있다.

국토종주자전거길 안내도

국토종주 인증제란?

자전거 여행자가 국토종주자전거길을 완주하면 국가에서 공식적으로 인정해주는 제도를 말한다. 쉽게 이야기하면 여권 같이 생긴 국토종주 인증수첩을 구입해 주요 지점의 스탬프를 찍으면 자전거길 종주 사실을 공인받을 수 있다. 요즘 각 지자체에서 실시하고 있는 스탬프 투어의 원조 격인 셈이다. 국토종주 인증제는 2012년 4월 22일부터 행안부와 국토부 공동주관으로 시행되고 있다. 국토종주 인증제는 초기 여러 가지 시행착오가 있었지만 10여년이 지난 현재에는 자전거 여행 활성화와 자전거 여행에 강력한 동기를 부여하는 성공적인 제도로 평가 받고 있다.

종주인증수첩

국토종주 인증을 받으려면 자전거 여행자 개별식별과 인증사실 증명이라는 두 가지 요소가 필요하다. 개별식별은 구입한 인증수첩에 담겨 있는 고유 시리얼 번호다. 인증사실 증명은 인증센터에서 찍는 도장날인으로 한다. 2021년 5월 18일 현재 인천 아라서해갑문에서 부산까지 국토종주자전거길 인증을 받은 사람은 8만3,132명에 달한다. 여기에 4대강 종주까지 완료한 사람은 3만9,297명이다. 최종적으로 종주 인증제를 시행하는 모든 자전거길을 완주해 국토완주 그랜드슬램을 달성한 사람은 1만9,266명에 이른다.

국토종주 인증 구분과 기념 메달

국토종주 인증은 12개 자전거길 개별인증을 모아 최종적으로 국토완주 그랜드슬램에 도전하도록 설계되어 있다. 마치 게임의 도장 깨기 같은 기분으로 도전하면 되겠다. 인증을 받는 순서는 정해진 것이 없다. 그러나 국토종주→4대강 종주→개별구간 종주→그랜드슬램 순으로 도전하는 경우가 많다.

2016년 이전까지는 국토종주, 4대강 종주, 그랜드슬램 달성 시에는 기념 메달을 무상으로 수여했다. 지금은 유료구매로 정책이 바뀌었다. 해당 자전거길 종주 인증을 받은 사람 가운데 기념 메달이 필요하면 우리강이용도우미 웹사이트에 접속 후 로그인하여 국토탐방. 자전거 여행 》 종주인증 수첩 및 기념품 구매 》 인증메달 》 메달 케이스 구매로 들어가서 주문하면 된다. 기념 메달 가격은 국토종주, 4대강 종주 각 7,500원, 그랜드슬램 8,000원이다. 메달케이스(4,500원)는 별도로 주문해야 한다.

국토종주와 4대강 종주 완료 기념메달.

국토종주 인증과 4대강 종주 인증

국토종주 인증은 아라서해갑문부터 낙동강하구둑 사이에 있는 모든 인증센터에서 도장을 받아야 한다. 단, 국토종주 노선에서 벗어나 있는 충주댐인증센터(탄금대인증센터에서 12km 거리)와 안동댐인증센터(상주상풍교인증센터에서 64km 거리)는 생략해도 완주로 인정해준다. 국토종주는 서울에서 출발한다면 한강자전거길(아라자전거길 포함), 남한강자전거길, 새재자전거길, 낙동강자전거길 모두 4개의 자전거길을 달린다. 국토종주 중에 충주댐과 안동댐의 인증센터를 거치지 않았다면 최종 도착지인 낙동강하구둑인증센터(유인)에서 남한강, 새재, 낙동강자전거길 개별인증과 국토종주 인증을 한 번에 받을 수 있다.

그러나 4대강 종주 인증은 조금 다르다. 4대강 종주 인증은 한강, 낙동강, 금강, 영산강 4개 자전거길에 있는 인증센터에서 모두 인증도장을 받아야 한다. 2015년까지는 두 곳의 인증센터를 빼먹어도 4대강 종주로 인정했지만, 지금은 그 규정이 바뀌었다. 따라서 4대강 종주 인증을 받으려면 국토종주에서 빼놓았던 남한강자전거길의 충주댐인증센터와 낙동강자전거길의 안동댐인증센터에서 인증을 받아야 한다.

자전거 여행자들은 국토종주를 먼저하고 4대강 종주에 도전하는 경우가 많다. 이 경우 국토종주를 하면서 자전거길에서 벗어나 있는 충주댐과 안동댐의 인증센터를 빼놓고 달린 것이 문제가 된다. 국토종주를 하며 두 곳을 다녀오려면 추가 라이딩이 그만큼 늘어나 생각보다 쉽지 않다. 특히, 안동댐인증센터의 경우 상주상풍교인증센터에서 왕복 130km 이상 추가 라이딩을 해야 해 따로 일정을 잡지 않는 한 빼놓게 된다. 4대강 종주나 국토완주 그

국토종주 인증 수행 미션 및 인증 획득

종류	수행 미션	인증 획득	비고
국토종주	아라서해갑문~낙동강하구둑 사이 25개 인증센터에서 인증도장 획득	종료지점인 아라서해갑문이나 낙동강하구둑인증센터에서 국토종주 인증 스티커 획득 (인증서는 추후 우편으로 수령)	충주댐, 안동댐 인증센터 제외
4대강 종주	한강, 낙동강, 금강, 영산강자전거길 전 구간 인증센터에서 인증도장 획득	마지막 인증센터에서 4대강 종주 인증 스티커 획득 (인증서는 추후 우편으로 수령)	충주댐, 안동댐 인증센터 포함
구간별 종주	12개(한강, 남한강, 새재, 낙동강, 금강, 오천, 영산강, 북한강, 섬진강, 동해안(강원), 동해안(경북), 제주) 국토종주자전거길 개별 코스 인증도장 획득	각 자전거길 마지막 인증센터에서 구간별 종주 인증 스티커 획득	충주댐, 안동댐 인증센터 포함
국토완주 그랜드슬램	국토종주자전거길 12개를 완주하고 85개 인증센터에서 모든 인증도장 획득	마지막 인증센터에서 그랜드슬램 인증 스티커 획득 (인증서는 추후 우편으로 수령)	

랜드슬램을 완성하려면 두 곳의 인증 도장이 필요하다. 결국 두 곳을 별도로 다녀와야 한다. 충주댐인증센터가 있는 탄금호자전거길은 그 자체로 매력적인 자전거길이다. 또 안동댐에서 상주상풍교에 이르는 낙동강자전거길은 안동하회마을과 부영대 절경을 즐길 수 있는 알찬 하루 코스라서 일부러 찾아도 좋다. 이 책에서는 두 곳을 별도 라이딩 하는 방법에 대해서 안내하고 있다.

남한강, 낙동강과 함께 4대강 자전거길에 포함되는 금강과 영산강자전거길은 자전거길을 완주할 때 마다 마지막 유인인증센터에서 개별구간 인증을 받으면 된다. 4대강까지 모두 마쳤다면 마지막 인증센터에서는 개별 구간 인증과 4대강 종주 인증을 함께 받는다.

국토종주 인증 받기

국토종주 인증 방법은 오프라인과 온라인 인증 두 가지 방법이 있다. 다만, 어떤 방법을 선택하더라도 종주인증수첩은 반드시 구입해야 한다. 종주인증수첩은 우리강이용도우미 웹사이트 국토탐방/자전거여행〉종주인증〉종주인증수첩 및 기념품 구입 메뉴에서 구매할 수 있다. 수첩은 4,000원, 지도는 500원이다. 결재는 무통장 입금만 가능하다. 택배요금(2,500원)은 별도다.

무인인증센터에서 인증도장을 받고 있는 동호인들.

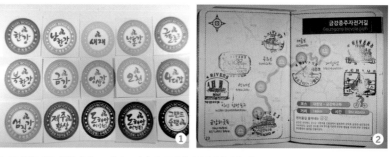

① 국토종주 인증 시 받게되는 15개의 스티커. ② 금강자전거길에서 받은 인증 도장들.

오프라인 인증

오프라인 인증은 자전거길에 있는 인증센터에서 인증 도장을 받으면 된다. 무인인증센터에서 인증 도장을 찍는 순서는 상관없다. 아주 드문 경우지만 인증도장 날인이 불가능한 상황에 직면하는 경우도 있다. 태풍 같은 자연재해로 인증센터가 파손되거나 접근이 불가한 경우, 혹은 인증센터에 비치된 인증도장이 도난 당하는 경우가 여기에 해당한다. 이때는 인증센터를 배경으로 본인의 자전거가 나오도록 사진을 찍어가면 인증도장을 받은 것으로 인정해준다. 마지막 유인인증센터를 방문해 인증수첩을 제시하면 담당자가 구간 인증 번호를 부여해주고 구간 인증 스티커를 수첩에 붙여준다.

온라인 인증

온라인(사이버) 인증은 인증센터에서 인증 도장을 찍는 대신 QR코드를 스캔하거나 모바일로 자동 인증을 받는 방식이다. 사이버 인증을 받으려면 종주인증수첩 구입 후 자전거행복나눔 홈페이지 회원 가입과 시리얼 넘버 등록을 진행해야 한다. 이후 앱 스토어에서 '자전거행복나눔'으로 검색하면 사이버 인증앱을 다운로드 받을 수 있다. 무인인증센터에서 인증받는 방법은 자동인증과 QR코드 인증 방식 두 가지가 있다. 자동인증은 인증센터 반경 40m 이내로 접근하면 자동으로 인증 처리가 된다. 자동인증을 받으려면 모바일 앱을 실행하고 메뉴〉환경설정〉기능설정으로 들어가 GPS 자동인증을 ON으로 활성화 해놓아야 한다. QR코드 인증방식은 무인인증센터에 붙어 있는 QR코드를 인식하는 것으로 인증도장 찍는 것을 대신한다. 앱을 실행시킨 상태에서 메뉴〉사이버인증〉QR코드 촬영 순으로 들어가면 코드를 인식할 수 있다. 인증이 제대로 되었는지는 메뉴〉사이버인증〉나의인증기록확인에서 확인할 수 있다. 오프라인 인증과 마찬가지로 구간인증을 받으려면 마지막 유인인증센터를 찾아가서 '나의인증기록확인' 화면을 담당자에게 제시해야 한다. 이때도 종주인증수첩이 필요하기 때문에 사이버 인증을 진행하더라도 인증수첩은 항시 휴대해야 한다.

① 무인인증센터에 부착되어 있는 QR코드.
② 자전거행복나눔앱의 나의 인증기록확인 화면.

종주 인증방법

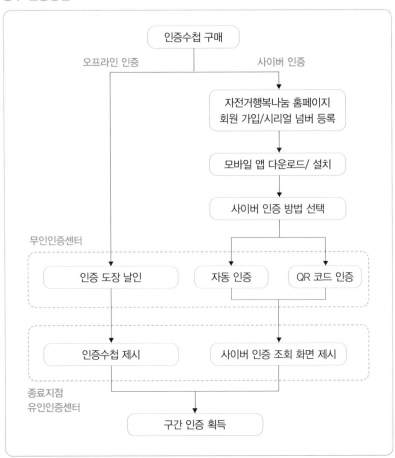

인증수첩 구매

오프라인 인증   사이버 인증

자전거행복나눔 홈페이지
회원 가입/시리얼 넘버 등록

모바일 앱 다운로드/ 설치

사이버 인증 방법 선택

무인인증센터

인증 도장 날인   자동 인증   QR 코드 인증

인증수첩 제시   사이버 인증 조회 화면 제시

종료지점
유인인증센터

구간 인증 획득

라이딩 실력과 국토종주 상관관계

국토종주자전거길을 라이딩 하려면 얼마나 자전거를 잘 타야 할까? 결론부터 이야기하자면 초중급자도 마음만 먹으면 가능하다. 자신의 능력에 따라 구간을 나누고, 목표를 정해서 구간 종주를 하다보면 누구나 국토완주 그랜드슬램을 달성할 수 있다.

국토종주 12개 자전거길은 자전거길마다 특색이 다르고, 난이도도 상이하다. 종주 여행을 준비하는 라이더는 각 자전거길의 난이도를 검토해서 자신의 수준에 맞게 하루 주행거리를 결정한다. 예를 들어 서울에서 부산까지 637km에 달하는 국토종주 코스를 A라는 사람은 3박4일 만에 완주했고, B라는 사람은 일주일이 걸렸다고 하자. 이는 A는 구간을 4개(하루 평균 150km)로 나눠 달렸고, B는 7개(하루 평균 80km)로 나눠 달렸다는 뜻이다. 이처럼 같은 길을 달렸지만, 달린 날짜는 두 배 가까이 차이가 난다.

이 같은 차이는 자전거 여행자의 라이딩 능력이 다르기 때문이다. 즉, 하루 150km씩 달릴 수 있는 상급 라이더는 그렇게 구간을 나눠 종주를 하면 된다. 반면, 빠르게 가는 것만 목표로 하지 않거나 자전거 실력이 조금 부족하다면 80km에 맞춰 구간을 나눠 종주해도 된다. 하루 주행거리와 구간 나누기는 전적으로 자전거 여행자의 실력과 처지에 따라 달라진다. 그러나 빨리 달린다고 해서 만족도가 높거나 성취감이 높은 것은 아니다. 가장 중요한 것은 자신의 능력에 맞게, 그리고 라이딩 스타일에 맞게 달리는 것이 중요하다.

낙동강 하구를 달리는 라이더들.

낙동강자전거길 상주 구간 최고의 업힐 코스 경천대 데크길.

국토종주자전거길 난이도

국토종주자전거길의 난이도는 저마다 다르다. 아라자전거길처럼 처음부터 끝까지 평지로 된 곳도 있지만, 낙동강자전거길 달성~부곡 구간처럼 곡소리나는 업힐이 기다리는 곳도 있다. 보통 난이도를 가늠할 때 먼저 거리를 염두에 두지만, 그것 못지 않게 중요한 것이 오르막의 존재여부다. 같은 80km 거리를 달려도 평지를 달리는 것과 오르막이 포함된 길을 달리는 것은 체력소모와 시간소요에서 큰 차이를 보인다. 따라서 국토종주자전거길의 구간별 오르막의 존재 여부와 난이도를 꼼꼼히 따지면서 구간을 나누거나 하루 주행거리를 정한다. 이 책에는 국토종주자전거길 각 구간마다 상승고도와 최대 경사도를 명시해 구간별 난이도를 알 수 있도록 했다. 아래 표는 이 책에 수록된 국토종주자전거길 중에서 최소 2일 이상 달려야하는 6개 자전거길의 구간별 주행거리와 상승고도를 기준으로 난이도를 평가한 것이다.

아래 표를 보면 국토종주자전거길 일부 구간과 동해안자전거길의 상승고도가 높은 것을 알 수 있다. 상승고도를 기준으로 했을 때 500m 미만은 대부분 평지 코스에 중간중간 50~100m 내외의 오르막이 한 두개 있는 정도다. 상승고도 700m 내외는 평지 코스가 절반이고, 나머지는 오르막과 내리막이 반복되거나 큰 오르막이 있는 경우다. 상승고도 1,000m 는 적어도 3개 정도의 큰 오르막이 있거나 업다운이 아주 심한 코스라고 볼 수 있다. 즉, 상승고도 1,000m 이상은 체력소모도 심하고 난이도가 높다고 봐야 한다.

주요 자전거길의 상승고도와 난이도

구분	자전거길	구간 구분	길이	상승고도	난이도
국토종주	아라자전거길	정서진-한강갑문	23km	78m	하
	한강자전거길	한강갑문-팔당	58km	196m	하
	남한강자전거길	덕소-여주	70km	322m	중
	남한강자전거길	여주-수안보	97km	514m	중
	새재자전거길	수안보-상주	78km	723m	상
	낙동강자전거길	상주-달성	124km	408m	중
	낙동강자전거길	달성-부곡	104km	1,004m	상
	낙동강자전거길	부곡-부산	85km	188m	중
4대강	금강자전거길	대전청사-공주	81km	492m	중
	금강자전거길	공주-군산	88km	329m	중
4대강	영산강자전거길	목포-나주	76km	268m	중
	영산강자전거길	나주-담양	74km	199m	하
구간종주	섬진강자전거길	강진-곡성	65km	281m	하
	섬진강자전거길	곡성-광양	72km	265m	중
구간종주	제주환상자전거길	제주시-협재	45km	198m	하
	제주환상자전거길	협재-서귀포	73km	574m	중
	제주환상자전거길	서귀포-성산	46km	210m	하
	제주환상자전거길	성산-제주시	68km	253m	하
구간종주	동해안자전거길	울산-감포	60km	769m	중
	동해안자전거길	감포-포항	81km	823m	상
	동해안자전거길	포항-후포	90km	853m	상
	동해안자전거길	후포-임원	86km	855m	상
	동해안자전거길	임원-경포	104km	1,127m	상
	동해안자전거길	경포-고성	116km	461m	중

특히, 국토종주자전거길 달성~부곡 구간은 길이 104km에 상승고도는 1,004m에 달한다. 상승고도만 놓고 본다면 《자전거여행 바이블 수도권편》에 수록된 동부5고개(상승고도 1,173m)와 동부3고개(상승고도 779m)의 중간 정도에 해당한다. 일부 오르막을 우회해서 지난다하더라도 최소 동부3고개 코스를 주파할 수 있어야 이 구간을 통과하는데 무리가 없다. 상승고도가 1,127m에 달하는 동해안자전거길 임원~경포 구간은 동부5고개를 완주할 수 있어야 지날 수 있다. 따라서 수도권편에서 언급했듯이 동부5고개를 주파할 수 있다면 국토종주자전거길 어느 곳이라도 달릴 수 있다는 자신감을 가져도 좋다.

반면 하루 평균 주행거리 75km, 평균 상승고도 233m의 영산강자전거길은 아주 무난한 난이도를 보인다. 코스 길이와 난이도가 북한강자전거길(거리 78km, 상승고도 238m)와 비슷하다. 영산강자전거길은 북한강자전거길을 이틀에 걸쳐 두 번 완주하는 정도의 난이도로 생각하면 된다.

하루 평균 주행거리와 평균 상승고도를 기준으로 6대 자전거길의 난이도를 따져보면 아래 표와 같다. 다만, 국토종주 코스는 평균값 왜곡을 피하기 위해 난이도가 낮은 초기 아라자전거길과 한강자전거길 서울 구간은 제외해서 평균값을 구했다. 이 난이도 표를 기준으로 보면 크게 두 그룹으로 나뉘어진다. 국토종주 코스와 동해안자전거길은 하루 주행거리가 길고, 상승고도도 높았다. 반면 제주환상자전거길, 섬진강자전거길, 영산강자전거길은 난이도가 낮게 나왔다. 금강자전거길은 두 분류의 중간쯤에 위치한다. 난이도를 기준으로 자전거에 입문한 지 얼마 되지 않은 초보자가 도전한다면 섬진강→영산강→금강→국토종주→동해안 순으로 하는 것이 좋겠다. 배나 항공편을 이용해야 하는 제주도는 일단 제외한다. 반면 동부3고개 정도를 무리 없이 완주할 수 있을 정도의 실력을 갖췄다면 어떤 자전거길을 먼저 시작해도 무리가 없다.

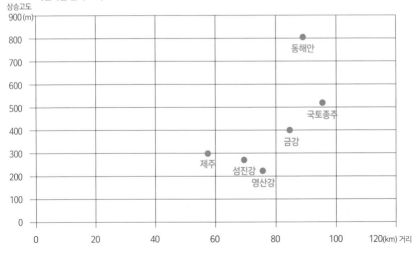

자전거길 난이도 비교

① 낙동강자전거길 양산 구간의 데크길. ② 무인 인증센터의 인증도장. ③ 이화령인증센터까지
남은 거리를 알려주는 도로 표지. ④ 동해안자전거길 울진 은어다리.

1일 주행 거리와 구간 나누기

국토종주 여행자들의 평균적인 이동거리에 대한 객관적인 통계수치는 없다. 이 책에서는 하루 80km 기준으로 구간을 나눠서 안내한다. 이 거리는 중장거리 라이딩 경험과 어느 정도 오르막 코스를 주행할 수 있는 중급자를 기준으로 한다. 다만, 상급자는 부족하게 느낄 수 있다. 상급자는 평소 주행거리를 기준으로 적정하게 거리를 조절해 구간을 나누면 된다. 그러나 상급자라도 초행길에 너무 속력을 내는 것은 바람직하지 않다. 자전거길에 있는 여행지도 둘러보고, 식사와 휴식도 충분히 취하면서 다니는 게 국토종주 자전거 여행의 묘미다. 너무 빠르게 달리면 이 모든 것을 놓친다. 특히, 제주환상자전거길 같은 곳에서는 빠르게 달릴수록 오히려 손해다.

80km를 기준으로 구간을 나눈 또다른 이유는 국토종주자전거길로 진입과 탈출 등도 종합적으로 고려했다. 만약 국토종주자전거길을 한 번에 완주한다면 하루 주행거리를 100km씩 잡아도 무리가 없다. 그러나 주말이나 휴일을 이용해 구간을 나눠 종주한다면, 종주를 마친 지점으로 오가는 시간도 고려해야 한다. 여기에는 자전거길에서 대중교통을 이용할 주요 도시로 나가는 것과 대중교통 이용시간, 집으로 돌아가는 시간 등도 종합적으로 고려한 것이다. 특히, 구간을 나눠서 종주를 하는 경우 교통이 편리한 도시를 기점으로 삼는 것이 중요하다.

① 국토종주자전거길 상주보 인근 숙소 광고. ② 제주환상자전거길 함덕해수욕장인증센터.

> ★ TIP ★ **자전거길이 멀면 첫날은 주행거리 짧게**
>
> 자전거길이 멀리 있을 때는 코스로 접근하는 것을 고려해 첫날은 주행거리를 조금 짧게 잡는 게 좋다. 서울에서 영산강자전거길 출발지 담양이나 목포까지 가려면 버스로 3시간 넘게 걸린다. 버스 타고 가는 시간과 도착해서 식사하는 시간까지 고려하면 본격적인 라이딩은 점심 이후에나 시작한다. 따라서 일몰 전까지 달릴 수 있는 거리가 제한적이다. 장거리 이동을 해야 한다면 첫날은 주행거리를 60~70km 정도로 짧게 잡는 게 좋다.

종주 방향과 고려할 요소

어느 방향으로 종주할까? 제주환상자전거길을 제외하고 나머지 국토종주자전거길은 시작점과 끝나는 지점이 다른 종주 코스로 되어 있다. 따라서 방향을 정해 종주를 해야 한다. 종주 방향은 가급적 한 번 정한 방향으로 진행하는 게 좋다. 그래야 종주의 연속성을 느낄 수 있다. 또 구간을 나눠서 하더라도 가급적 이전에 마친 지점에서 다시 시작하는 것이 좋다. 종주 방향을 정하기 위해서는 몇가지 고려할 것들이 있다. 종주 방향에 따라 라이딩을 하면서 주변 경관을 감상하는 것이 차이난다. 또 종주 방향에 따라 상승고도를 낮춰 최대한 체력 소모를 줄일 수 있다. 바람은 특히 종주에 많은 영향을 미친다. 오가는 교통편도 중요하다. 이런 요소들을 고려해 종주 방향을 잡는 게 좋다.

경관

일반적으로 라이딩 방향을 정할 때는 수변을 오른쪽에 놓는 것이 좋다. 도로주행 시 우측통행을 하는 것이 원칙이라 이렇게 해야 조금이라도 물과 가깝게 달리게 된다. 물에 가깝다는 것은 그만큼 풍경이 좋다는 것을 의미한다. 강이나 바다 모두 물이 있는 곳의 경치가 아름답다. 경관을 기준으로 한다면 바다를 끼고 달리는 동해안자전거길은 남쪽에서 북쪽으로 올라가는 것이 좋다. 섬을 한 바퀴 돌아보는 제주도환상자전거길은 시계 반대 방향으로 돌아야 바다를 오른쪽에 놓고 달린다. 반면, 강을 따라 조성된 종주길은 길이 조성된 위치에 따라 좌우된다. 대부분 한쪽이 아닌, 강을 건너다니며 자전거길이 조성되어 있어 선택의 여지없이 자전거길을 따라 달리면 된다.

동해안자전거길 구룡포에서 호미곶으로 가는 길.

상승고도

제주환상자전거길과 동해안자전거길을 제외한 나머지 국토종주자전거길은 강을 따라 간
다. 따라서 종주 방향을 하류에서 상류로 강을 거슬러갈지, 아니면 그 반대로 상류에서 하
류로 내려올 지 정할 수 있다. 여기서 고려할 수 있는 게 상승고도다. 당연히 강 상류가 하
류보다 고도가 높다. 따라서 상류와 하류로 내려가는 것이 최대한 상승고도를 줄일 수 있다.
북한강자전거길을 예로 들어보자. 북한강자전거길 상류 춘천 신매대교인증센터 해발고도는
91m다. 반면, 하류 남양주 밝은광장인증센터 고도는 34m다. 코스의 총 상승고도는 하류에
서 상류로 올라가면 295m, 상류에서 하류로 내려오면 238m다. 약 57m를 덜 올라가게 된
다. 따라서 상류에서 출발하는 것이 조금이라도 상승고도를 줄일 수 있다. 그러나 상승고도
57m 차이는 전체 자전거길 거리를 감안하면 아주 큰 변수는 아니다. 오히려 접근하는 교통
편이나 바람 같은 당일 날씨가 훨씬 더 크게 작용한다.

북한강자전거길 상승고도 차이

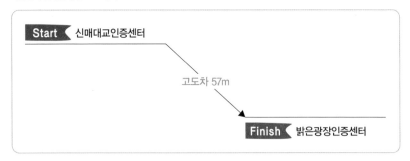

교통

교통편도 종주 방향을 결정하는데 중요한 요소다. 버스 시간이 맞지 않는다면 경관이나 상승 고도 같은 원칙을 적용하고 싶어도 할 수가 없다. 예를 들어 종주를 마친 곳에서 출발하는 버스가 일찍 끊긴다면 아무리 경관이 좋아도, 또 상승고도가 낮아도 의미가 없다. 우선 돌아가는 차 시간에 맞춰야 한다. 교통과 관련한 좀 더 자세한 내용은 '차편 예약하기' 참조.

바람

앞의 세 가지 원칙을 고려해 종주 방향을 정했어도 최종적으로 고려해야 할 게 하나 더 있다. 바로 바람의 방향이다. 섬을 한 바퀴 일주하는 제주환상자전거길은 특별한 기상 이변이 없는 한 어느 방향으로 돌더라도 한 번은 순풍을 받고, 한 번은 역풍을 받는다. 반면 일정한 방향으로 지속적으로 라이딩을 하는 종주 코스는 다르다. 한 번 맞바람을 맞기 시작하면 라이딩 내내 맞바람을 맞으며 고생할 확률이 높다. 라이더라면 라이딩 시 바람의 영향이 얼마나 큰지 잘 알 것이다. 자세한 내용은 '국토종주와 날씨' 참조.

① 낙동강자전거길 거리 안내표시.
② 동해안자전거길 정동진인증센터. ③ 섬진강자전거길 화탄잠수교.

국토종주와 날씨

국토종주 자전거 여행의 큰 변수 가운데 하나가 날씨다. 비와 바람, 기온 등은 라이딩에 큰 영향을 준다. 따라서 계절을 고려해 종주 시기를 잡아야 하고, 또 라이딩 일정을 잡았다고 하더라도 그날의 일기를 따져보고 필요하면 일정을 탄력적으로 조정한다.

비

라이딩 날짜가 정해졌다면 당일 날씨를 확인해야 한다. 비는 라이딩을 방해하는 아주 중요한 요인이다. 비를 맞으며 라이딩을 하면 체온을 빼앗겨 저체온증에 걸릴 수도 있다. 폭우가 내리면 라이딩 자체가 불가능하다. 또 자전거가 미끄러지는 사고가 날 가능성도 높다. 강에 조성된 자전거길은 폭우에 불어난 강물로 인해 자전거길이 끊길 수도 있다. 따라서 그날의 날씨와 강수량을 따져 출발을 결정해야 한다.

특히, 여름은 강수량에 신경을 써야 한다. 장마철 종주 코스 상류에 큰비가 내렸다면 비가 그친 뒤 바로 출발하는 것보다 며칠 시차를 두고 출발하는 것이 좋다. 강에 조성된 자전거 길은 상당수가 하천과 비슷한 높이의 고수부지에 조성되어 있는 경우가 많다. 큰 비가 온 뒤에는 불어난 물에 길이 잠겨 통행이 불가해지는 경우가 종종 발생한다. 특히, 기상이변으로 폭우가 내리면 강물이 갑자기 불어 위험한 상황이 올 수도 있다. 장마철이나 폭우가 잦은 여름은 강우량을 주시하자.

일교차가 큰 이른 봄이나 늦가을은 강수량이 적어도 비를 맞으면 체온이 급격히 떨어진다. 이때 보온을 해줄 수 있는 의류가 없다면 저체온증에 걸릴 수도 있다. 특히, 외진 곳을 라이딩하고 있다면 도움을 받기도 쉽지 않다. 따라서 이 시기에는 비가 온다면 가급적 종주 일정을 연기하는 게 좋다.

호우로 물에 잠긴 북한강자전거길 대성리~청평 구간.

바람

'비보다 무서운 것이 바람이다.' 아웃도어 활동 경험이 어느 정도 있는 사람이라면 이 말뜻을 이해할 것이다. 특히, 라이더라면 바람의 위험성을 누구보다 잘 알 것이다. 자전거를 탈 때 맞바람 맞으며 달리는 것보다 고통스러운 경험은 없다. 바람이 심하면 라이딩을 포기하게 된다.

바람의 세기는 m/s로 표시한다. 영국인 보퍼트가 만든 풍력계급에서는 바람의 세기를 12단계로 구분해놨다(표 참조). 1단계는 풍속 0.3~1.53m/s로 가볍게 스치는 실바람이 부는 정도다. 1단계는 라이딩에 큰 영향을 받지 않는다. 2단계(1.5~3.3m/s)는 바람을 느끼지만 게의치 않고 라이딩 할 수 있다. 하지만 풍속이 3.3~5.5m/s인 3단계만 되어도 바람의 영향을 느끼기 시작한다. 맞바람이라면 페달링이 힘겨워지고, 뒷바람이라면 훨씬 가볍다. 풍속 5.5~8.0m/s가 되는 4단계에서는 바람의 영향을 크게 받는다. 이 단계에서 맞바람을 맞으면 뒤에서 누가 잡아 끄는 것처럼 힘이 든다. 만약 풍속이 4단계를 넘어간다면 바람이 불어오는 풍향을 심각하게 고려해 라이딩 방향을 정하는 게 좋다.

만약 남서풍이 강하게 부는 날 북한강자전거길 종주를 한다고 하자. 상류 춘천에서 하류 운길산역으로 라이딩을 한다면 주행 방향은 남서쪽이 된다. 이렇게 되면 맞바람을 제대로 맞으며 라이딩을 하게 된다. 맞바람을 강하게 맞으면 힘이 드는 것은 물론, 계획했던 라이딩을

보퍼트의 풍력계급

풍력계급	풍속	명칭	설명
0단계	0.3m/s 이하	고요	바람이 없고 연기가 수직으로 올라가는 상태
1단계	0.3~1.5m/s	실바람	가볍게 부는 바람을 느낄 수 있는 상태
2단계	1.5~3.3m/s	남실바람	나뭇잎이 흔들릴 정도로 바람이 부는 상태
3단계	3.3~5.4m/s	산들바람	깃발이 펄럭일 정도로 바람이 부는 상태
4단계	5.5~7.9m/s	건들바람	종이조각이 날아다닐 정도로 바람이 부는 상태

마치지 못하고 중간에 포기할 수도 있다. 따라서 이런 날은 운길산역에서 춘천 방향으로 라이딩을 해야 한다. 이렇게 하면 그야말로 순풍에 돛 단 듯이 편안하게 라이딩을 할 수 있다. 영화 〈최종병기 활〉에서 주인공 박해일은 '바람은 계산하는 것이 아니라 극복하는 것이다.' 라는 대사를 남겼다. 하지만 자전거 라이딩에서 바람은 결코 극복할 수 없다. 맞바람이 순풍이 되게 바람을 잘 계산해서 이용하는 지혜가 필요하다.

안개

봄가을 강에 조성된 국토종주자전거길을 여행한다면 안개도 조심해야 한다. 대부분의 종주 여행자들은 이른 아침 라이딩을 시작한다. 아침에 많은 거리를 달려놔야 오후에 여유가 있기 때문이다. 또 되돌아가는 차편 선택하기도 유리하다. 그러나 봄가을 이른 아침에는 안개라는 복병이 기다리고 있다.

이른 아침 자욱하게 피어난 안개는 방향감을 상실케 한다. 특히, 오천이나 섬진강처럼 강을 건너다니거나 코스 변화가 심한 곳에서는 한 번 방향을 잃으면 다시 찾기가 쉽지 않다. 또 가시거리가 좁기 때문에 속력을 낼 수도 없고, 장애물과 추돌할 위험도 커진다. 만약 공도를 주행한다면 오가는 차량에 의한 교통사고 위험도 커진다.

안개가 심할 때는 전조등과 후미등을 최대한 밝게 사용하면서 주행한다. 이렇게 해야 오가는 차량을 비롯한 타인에게 라이딩을 하고 있다는 것을 알릴 수 있다. 또 스마트폰의 앱을 열고 자전거길을 계속 확인하면서 가야 길을 잃지 않는다. 만약, 안개 속에서 길을 잃었다면 확신할 수 있는 지점까지 되돌아와서 다시 시작한다. 자신의 감각과 느낌만 믿고 가면 엉뚱한 곳으로 갈 수 있다.

① 남한강자전거길 팔당에서 능내 구간. ② 낙동강자전거길 양산 데크길 구간을 달리는 동호인들. ③ 노을에 물든 금강자전거길을 달리는 종주자.

차편 예약 하기

국토종주자전거길 대부분이 출발지와 목적 지가 다른 종주 코스다. 따라서 자가용으로 이동하는 것은 의미가 없다. 버스나 기차 같은 대중교통을 이용해 점프해야 한다. 특히,

서울에서 멀리 떨어져 있는 자전거길일수록 이동시간이 오래 걸려 가능한 아침 일찍 출발하는 차편을 예약해 놓는 것이 좋다.

강에 조성된 자전거길 종주를 위해 차편 예약할 때 고려할 점이 하나 있다. 강 상류에 있는 거점 도시로 가는 차편이 많지 않다는 것이다. 섬강자전거길을 예로 들자. 자전거길 출발지를 상류로 정한다면 강원도 횡성읍으로 이동해야 한다. 동서울에서 횡성읍으로 가는 버스는 하루 4회 운행한다. 07:10 버스를 놓치면 다음 버스는 10:10에 있다. 따라서 무조건 07:10에 버스를 이용해야 여유있게 라이딩할 수 있다. 반면 하류의 자전거 기점인 여주는 경강선 전철이 개통되면서 전철로 이동이 가능하다. 고속버스도 수시로 운행한다. 만약 상류로 가는 차편을 못 구했다면 하류 쪽에서 출발하는 것도 고려해봐야 한다. 단, 이때도 종착지에서 출발하는 막차 시간을 확인하고 움직여야 한다.

하루 이상 종주 한 후 귀가 할 때는 그 전날 도착지의 차편을 미리 알아둔다. 만약 자전거 여행을 마치는 곳이 큰 도시라면 도착시간은 크게 걱정할 게 없다. 큰 도시는 대부분 일몰 이후 늦게까지 차편이 있다. 그러나 작은 시나 읍은 다르다. 이런 곳은 꽤 이른 시간에 차편이 끊어질 확률이 높다. 따라서 막차 시간을 고려해서 라이딩을 해야 한다. 자전거 여행은 변수가 있다. 펑크나 자전거 고장이 날 수 있고, 길을 잘못 들어 헤맬 수가 있다. 이런 것까지 고려해 막차 시간에 1~2시간 여유있게 라이딩을 마칠 수 있도록 시간 배분을 한다. 코로나로 인해 감편되었던 노선들도 대부분 정상화 되었다. 따라서 그 시절 올라온 인터넷이나 블로그에 있는 교통정보가 틀릴 수도 있다. 가장 좋은 것은 버스 예약 어플이나 해당 터미널에 전화를 걸어 확인하는 것이다.

★TIP★ 고속도로 휴게소에서 환승하기

대도시가 아닌 이상 버스 노선은 한정적이다. 수도권의 경우 서울로 가는 버스는 많지만 주변 위성도시로 가는 직행버스가 없는 곳이 많다. 지방의 도시들은 더욱 버스편이 없다. 이런 경우 고속도로 휴게소 환승정류소를 이용하는 것도 방법이다. 일단 주요 고속도로 휴게소에 있는 환승정류소로 간 뒤 최종 목적지로 가는 버스를 이용한다. 고속도로 환승정류소가 있는 곳은 대전통영고속도로 금산인삼랜드휴게소, 중부내륙고속도로 선산휴게소, 상주영천고속도로 낙동강휴게소, 천안논산고속도로 정안휴게소, 영동고속도로 횡성휴게소, 남해안고속도로 섬진강휴게소 등이다.

숙소 정하기

자전거 여행에서 숙소는 코스와 가까우면 가까울수록 좋다. 장거리 라이딩은 체력 소모가 심하다. 하루를 마칠 때면 단 100m도 더 타기 싫어진다. 이미 100km를 달려왔는데, 다시 숙소까지 몇km 추가 라이딩을 해야 하는 일은 장거리 여행자에게 아주 고역이다. 따라서 숙소는 가급적 자전거길에서 이탈하지 않는 곳에 잡는 게 좋다.

숙소를 고를 때 고려해야 할 것이 저녁과 아침 식사 가능 여부다. 아무리 좋은 숙소라고 해도 주변에서 식사를 해결할 수 없으면 안 된다. 따라서 숙소 주변에 아침 일찍 문을 열거나 저녁에도 영업을 하는 식당이 있어야 한다. 이렇게 숙소 주변에 식사를 해결할 수 있는 곳은 시나 읍 같은 행정기관 소재지다. 면 소재지만 해도 숙소가 없거나, 아니면 아침에 문 여는 식당이 없는 곳도 많다. 따라서 구간을 나누어 숙박할 때는 시나 읍을 목적지로 하는 것이 좋다.

단, 일부 자전거길 가운데는 시내에서 멀고 주변에 숙박시설을 찾기 어려운 곳도 있다. 대표적인 곳이 국토종주 중 낙동강자전거길과 만나는 상주시다. 상주시 도심은 자전거길에서 10km 이상 멀리 떨어져 있다. 따라서 자전거길에서 상주시까지 들고나기가 매우 불편하다. 이 구간을 지날 때는 코스 주변의 숙소를 알아보고 움직이는 것이 좋다. 막연하게 '가다 보면 뭐가 나오겠지'라는 생각으로 달리다가는 인적이 드문 자전거길에서 오도가도 못하고 밤을 맞을 수도 있다.

① 낙동강자전거길 안동~상주 구간에 있는 하회마을. ② 동해안자전거길 경포해변의 호텔.

> ★TIP★ 바이크텔 이용하기
>
> 국토종주자전거길 주변에는 바이크텔이라 불리는 자전거 여행자를 위주로 영업하는 숙소가 있다. 이런 곳은 픽업 서비스는 물론, 저녁과 아침 식사까지 제공한다. 따라서 숙박과 식사를 위해 일부러 도심으로 들고나는 수고가 필요 없어 편리하다. 또 세탁을 할 수 있거나 간단한 자전거 수리 도구를 비치해 놓기도 한다. 바이크텔 입장에서도 자전거 여행자들은 관리하기 편한 손님으로 대접받는다. 그 이유는 저녁 늦게 도착해 밥만 먹고 일찍 자고, 또 아침 일찍 떠나기 때문이다. 일부 숙박업소는 자전거 여행자에게 요금 할인을 해주기도 한다. 코스 상에 바이크텔이 있다면 이곳을 우선해서 숙소를 고려하는 것도 좋은 방법이다.

짐 꾸리기

1박 이상 자전거 여행을 할 때는 당일 라이딩보다 챙겨야 할 짐이 늘어난다. 자전거 수리도 구를 비롯한 기본적인 장비 외에 여벌 옷과 세면도구, 보조배터리 등 챙겨야할 게 많다. 그러나 필요하다고 다 가져가면 짐이 많아져 그만큼 힘이 든다. 자전거 여행 짐 꾸리는 원칙은 다음과 같다.

짐은 가능한 줄인다

장거리 여행이 익숙하지 않은 초보자일수록 여행 전 챙겨갈 물건이 많이 떠오를 것이다. 그러나 자전거 여행에서 짐을 챙기는 것은 물건을 넣는 과정이 아니라 물건을 빼는 과정이라 생각하면 된다. 종주 여행을 반복할수록 챙겨 가는 소지품 개수가 줄어든다. 하루 100km를 달리다보면 불필요한 짐이 얼마나 무거운지 뼈저리게 체감하게 된다. 두 벌 가져갈 옷을 한 벌로 줄이는 식으로 마른 수건도 쥐어짜는 자세가 필요하다.

소지품은 분리 수납한다

자전거 여행에 필요한 장비 수납은 자전거 가방을 이용한 바이크 패킹과 작은 배낭을 이용하는 두 가지 방식이 있다. 바이크 패킹이 가장 편리하고 에너지 소모를 줄인다. 하지만 여행 스타일에 따라 배낭을 매는 것을 선호하는 여행자도 있다. 배낭을 이용할 때는 배낭에 넣을 물품과 자전거에 수납할 물건을 나눈다. 가능한 배낭으로 맬 짐은 줄이고, 자전거에 수납하는 비율을 높이는 것이 좋다. 이렇게 해야 자세도 편안하고, 무게중심도 낮출 수 있어 라이딩이 안정적이다. 배낭은 10리터 정도의 작은 것을 선택해 의류 등 부피가 있으면서 가벼운 것, 귀중품 위주로 수납한다.

〈자전거 부착 물품〉

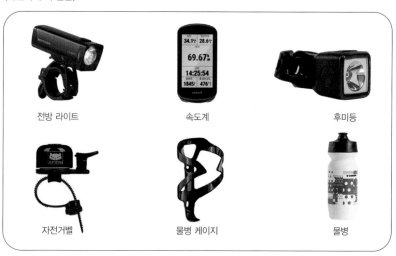

전방 라이트	속도계	후미등
자전거벨	물병 케이지	물병

자전거에 기본적으로 부착하는 물품은 라이트, 후미등, 물병게이지, 물병, 속도계, 스마트폰 거치대 등이다. 이 모든 장비가 꼭 필요하지만, 특히 라이트와 후미등은 절대 빼놓아서는 안된다. 국토종주 자전거 여행은 일몰 전에 라이딩을 종료하는 것을 원칙으로 계획을 세운다. 그러나 계획대로 되지 않을 수 있다. 시간이 초과되어 일몰 후에도 자전거를 타야 되는 경우가 종종 발생한다. 도심이 아닌 곳의 자전거길은 가로등이 거의 없다. 이런 곳을 야간에 라이딩할 때는 조명이 반드시 필요하다. 또한, 뒤따르는 차량이나 다른 자전거 여행자를 위해 후미등도 반드시 장착한다.

꼭 지참해야 할 수리도구

국토종주 자전거 여행은 도심에서 자전거를 타는 것과는 다르다. 외진 곳에서 자전거 고장이 발생하면 주변에 도움을 청하기가 어렵다. 간단한 고장은 스스로 해결해야 한다. 자전거 여행에 필요한 수리도구는 여분의 튜브, 공기펌프, 펑크패치, 멀티 툴, 타이어 레버, 체인 링크, 체인 오일 등이다. 이 수리도구는 안장가방이나 공구함에 담아 자전거에 부착시켜놓는 것이 좋다.

〈수리도구와 수납〉

안장가방
(안장에 장착)

or

공구통
(물병 케이지에 장착)

펑크패치

멀티툴

체인 링크

타이어 레버

예비 튜브

or

휴대용 펌프

Co2 캡슐

장거리 자전거 여행에서 가장 많이 맞닥뜨리는 고장은 펑크다. 타이어에 날카로운 이물질
이 박혀서 튜브에 구멍이 생기는 경우가 대부분이다. 이때를 대비해 2개 정도 여분의 튜브
를 가지고 다닌다. 펑크가 나서 튜브를 교체할 때는 손가락으로 타이어 안쪽 면을 꼼꼼하게
체크해 박혀 있는 이물질을 제거한다. 그렇지 않으면 튜브를 갈아끼워도 다시 펑크가 난다.
로드 자전거는 타이어 레버Tire Lever 2개가 있어야 한다. 로드 자전거는 MTB와 달리 림에
서 타이어를 분리하기가 까다롭다. 이 때 타이어 레버를 활용해 분리한다. 다만, 타이어 레
버 사용법은 사전에 충분히 숙지해야 사용할 수 있다. 휴대용 펌프는 바람을 넣을 때 필요
하다. 휴대용 펌프 대신 CO2 캡슐을 사용해 바람을 넣을 수 있다.

자전거에 부착하는 가방

자전거에 부착하는 가방을 적절히 활용하면 배낭을 매지 않고도 필요한 짐을 다 수납할 수
있다. 별도의 장치 없이 자전거에 부착할 수 있는 가방은 세 가지 종류가 있다. 안장에 부착
하는 안장가방(새들백), 탑 튜브에 부착하는 탑 튜브 가방, 그리고 핸들바에 부착하는 핸들
바 가방이 있다. 새들백은 1리터 미만부터 16리터 대용량까지 다양한 제품이 있다. 1박2일
이상은 6리터 이상은 돼야 안정적인 수납이 가능하다. 탑 튜브는 1리터 이하가 대부분이다.
간식이나 자물쇠, 보조 배터리, 기타 소소한 것을 수납한다. 핸들 바 가방은 여러 가지 타입
이 있다. 쉽게 탈부착이 가능한 오르트립 핸들바백은 아주 유용하다. 방수 기능이 완벽하고,
쉽게 탈부착이 가능해 귀중품을 넣어서 필요할 때 가방만 떼어가면 된다. 이밖에 자전거 프
레임에 매다는 프레임 가방도 많이 사용한다.

〈자전거부착 가방〉

핸들바 가방   탑튜브 가방   안장 가방

9L 대형 안장가방   12L 소형 배낭

자전거 캠핑은 패니어 이용

짐이 아주 많거나 자전거 캠핑까지 염두에 두고 있다면 페니어백을 이용한다. 패니어는 자전거에 탈부착하는 여행가방으로 일주일 이상 장거리 자전거 여행을 하는 라이더가 사용한다. 앞바퀴와 뒷바퀴 좌우에 모두 4개의 페니어를 부착할 수 있는데, 캠핑장비도 문제없이 수납할 수 있다. 그러나 패니어를 장착하려면 자전거가 여행용 자전거이어야 한다. 또 페니어를 달려면 거치용 랙을 설치해야 한다. 이처럼 추가적인 장비가 필요하고, 비용도 많이 든다. 짐을 많이 실었기 때문에 무게도 많이 나간다. 당연히 라이딩이 힘들다. 페니어에 짐을 실을 때 뒷바퀴에 무거운 짐을 많이 넣으면 무게가 뒷바퀴로 쏠려 펑크의 위험이 높다. 또 앞바퀴가 무거워지면 핸들 조향성이 둔해진다. 이 점을 고려해서 균형 있게 무게를 배분해야 한다. 따라서 패니어를 사용하려면 장착부터 실전연습까지 해본 후 도전하는 게 좋다.

〈페니어백 설치 자전거〉

의류와 복장

1박 이상 종주 여행을 하게 되면 필요한 의류도 많다. 계절별로 필요한 의류 외에 필수적으로 챙겨가야 하는 의류도 조금 다를 수 있다. 이를 테면, 대중교통 점프와 주변 여행지 방문 등 걷는 게 많은 종주 라이딩 특성상 신발과 페달 선택을 달리하는 것이 그런 것들이다. 종주에 필요한 복장과 의류를 알아보자.

신발과 페달 선택

자전거 페달과 신발 조합은 크게 평페달+운동화, 클릿슈즈+클릿페달로 나눠볼 수 있다. 평소 평페달과 운동화 조합으로 자전거를 탄다면 장거리 여행을 하는 데 전혀 문제가 없다. 반면 로드 자전거를 타며 클릿슈즈를 신는다면 조금 문제가 될 수 있다. 국토종주 자전거 여행은 대중교통을 이용해 점프를 하거나 자전거길 인근 관광지를 둘러보는 것과 같이 도보로 이동할 때가 많다. 이 때 클릿슈즈를 신으면 걸을 때 많이 불편하다. 일반 신발을 챙겨가도 되지만, 그 만큼 짐이 늘어난다.

이 단점을 보완할 수 있는 방법은 MTB 클릿페달과 멀티슈즈의 조합이다. 멀티슈즈는 운동화와 클릿슈즈의 장점을 합쳐놓은 하이브리드 신발이다. 모양은 운동화 같이 생겼는데, 밑창에 MTB클릿을 부착할 수 있다. 클릿 사용에도 불구하고 일반 운동화 수준의 편안한 착화감으로 도보 이동시 편리하다는 장점이 있다. 물론 멀티슈즈에 사용하는 MTB클릿은 로드 클릿과 비교해서 페달과 신발 사이의 밀착감이 떨어진다는 단점이 있다. 그래도 국토종주를 할 때는 로드 자전거도 MTB클릿과 멀티슈즈를 착용하는 게 편하다.

〈신발과 페달 선택〉

로드용 의류 VS MTB용 의류

국토종주 자전거 여행을 할 때는 자전거 의류를 착용하는 것이 좋다. 자전거 의류는 폴리에스테르 소재로 되어 있어 통풍이 잘 되고 땀 배출이 잘 된다. 바지는 안장과 밀착되는 부분에 패드가 붙어 있어 장거리 라이딩 시 발생할 수 있는 안장통을 줄여준다. 한 마디로 자전거 의류는 라이딩에 최적화된 소재와 기능으로 만들어져 라이딩 시 최적의 조건을 만들어준다. 왜 기능성 자전거 의류를 입어야 하는 지는 하루 종일, 또는 며칠씩 자전거를 타면 뼈저리게 느끼게 된다.

자전거 의류는 크게 로드와 MTB용으로 나뉘어진다. 우리나라에서는 별 구분 없이 입지만, 외국은 자전거의 용도에 맞춰 구분해 입는다. 일반적으로 몸에 밀착되는 타이트한 복장은 로드용, 반바지와 반팔 티 같이 헐렁한 형태의 복장은 MTB용이다. 로드용 의류는 몸에 착 달라붙기 때문에 바람의 저항을 최소화한다. 또 저지 등에 뒷주머니가 있어 스마트폰이나 지갑 같은 소소한 것을 수납할 수 있다. 다만, 바지가 짝 달라붙는 일명 '쫄쫄이' 스타일이라 처음 입는 분들은 어색해 할 수 있다. 만약 로드용 의류가 불편하다면 MTB 복장으로 나서도 된다. MTB 복장으로 입으라고 해서 일반 반바지를 뜻하는 것은 아니다. MTB용 반바지는 겉감과 안감이 이중구조로 되어 있고, 안감에 패드가 붙어 있다. 즉 스타일만 다를 뿐 소재나 기능성이 갖춰진 의류를 입어야 한다.

기본 의류

국토종주 자전거 여행에는 일반 라이딩에 필요한 기본 의류와 1박 이상의 경우 추가 의류를 가져간다. 기본 의류는 쪽모자, 장갑, 마스크, 팔토시, 바람막이 자켓, 선크림, 고글을 들 수 있다. 쪽모자는 땀이 얼굴로 흐르는 것을 막아준다. 장갑은 손바닥에 쿠션이 있어 자전거 진동을 걸러주고, 땀을 씻어준다. 특히, 장기간 자전거를 타면 손목에 지속적인 충격을 주기 때문에 장갑이 필수다. 햇볕이 따가운 날에 대비해 팔토시와 선크림도 챙긴다. 팔토시는 이른 아침에는 보온역할도 한다. 바람막이도 아침저녁 기온이 쌀쌀할 때 입으면 큰 도움이 된다. 마스크(버프)는 코로나로 생활의 필수가 됐다. 코로나가 아니라도 라이딩 시 마스크는 필수다. 먼지나 날벌레가 입에 들어가는 것을 막아준다. 특히, 강에 조성된 자전거 길에서 여름 저녁에 라이딩할 때 무시로 달려드는 날벌레에 고생하고 나면 마스크의 고마

〈라이딩 복장〉

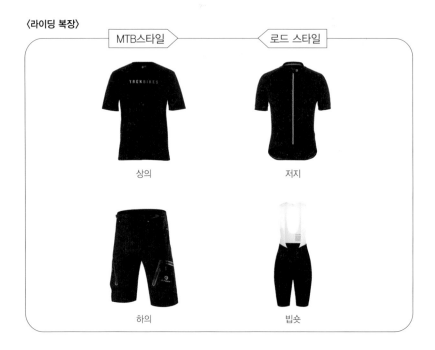

MTB스타일   로드 스타일

상의   저지

하의   빕숏

움을 알게 된다. 고글은 따가운 햇볕을 막는 것 외에 눈에 이물질이 들어오는 것을 막아준다. 비가 올 때도 고글이 없으면 아주 불편하다. 따라서 고글도 필수장비다. 고글은 일반 선글라스 말고 스포츠형 고글로 한다. 특히, 밤에도 라이딩을 할 수 있어 밤과 낮에 따라 변색이 되는 고글을 가져가는 게 좋다. 비가 올 것이 예상된다면 우비나 방수 재킷도 준비한다. 만약 국토종주 중 현지에서 1박 이상을 한다면 예비용 의류도 챙겨간다. 보통 예비용 의류는 자전거 의류 위아래 1벌, 양말 1벌 정도 추가로 가져간다. 2박 이상을 하더라도 현지에서 세탁을 해서 입는다. 또 현지에서 숙박을 하거나 생활할 때 필요한 생활복으로 반팔 티셔츠와 반바지(봄가을은 긴바지), 팬티 한 벌을 추가로 챙겨간다.

계절에 따른 의류

기본 의류 이외에도 계절별로 챙겨야 할 의류들이 있다. 여름철은 반팔 반바지 외에도 자외선으로부터 팔을 보호해줄 팔토시가 필수다. 만약 비가 예보되어 있다면 우비나 방수 재킷도 챙긴다. 하절기라도 바람이 불거나 비가 올 때 체온 유지를 위해 바람막이도 필히 지참한다. 자전거 타기 좋은 봄과 가을은 아침 저녁으로 일교차가 크게 벌어진다. 이때 반팔 반바지 복장으로 나서면 상당히 춥다. 이 때를 위해 팔과 다리에 덧껴 입는 워머를 가져가면 좋다. 워머는 착용과 탈의가 편리하고 추가로 긴 팔 의류를 준비하지 않아도 되기 때문에 짐도 줄일 수 있다.

〈라이딩 복장〉

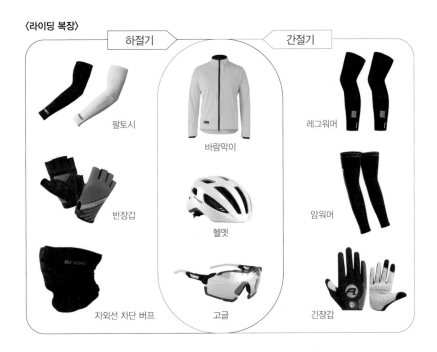

하절기   간절기

팔토시

바람막이

레그워머

반장갑

헬멧

암워머

자외선 차단 버프

고글

긴장갑

🚴 라이딩 시 마스크 착용

자전거 라이딩은 기본적으로 야외활동인데다 사회적 거리두기에 용이한 레저스포츠다. 하지만 코로나 시국에는 마스크 착용이 필수다. 그러나 마스크 선택은 요령이 필요하다. 장거리 라이딩 시 KF94 마스크를 착용하는 것은 호흡에 무리가 있다. KF80이나 KF-AD와 같은 낮은 등급의 마스크를 착용하는 것이 좀 더 편하다. 사실 낮은 등급의 마스크를 착용해도 땀과 비말이 묻으면 호흡하기 거추장스러워지는 경우가 다반사다. 따라서 여분의 마스크를 넉넉하게 준비해 간다.

일부 동호인은 마스크 대신 자전거용 버프를 착용하는 경우가 있다. 자외선 차단은 몰라도 비말차단 효과도 있는지는 의문이다. 따라서 자신의 건강과 주변의 시선을 의식한다면 코로나 시대는 마스크를 착용하는 게 좋다. 일반 마스크와 버프의 대안으로 스포츠 마스크를 착용하는 것도 고려해볼만 하다. 스포츠용품 브랜드에서 출시되는 제품들은 어느 정도 비말차단 효과를 기대할 수 있다. 장시간 이용에도 착용감이 편하고, 물빨래를 해서 여러번 사용할 수도 있다. 가격은 2만~3만원대다. 스포츠 마스크를 착용하고 라이딩을 하더라도 대중교통 이용이나 식당 출입 시에는 일반 마스크로 바꿔 사용하는 것이 좋다.

출발 전 준비 및 응급조치

국토종주 자전거 여행 준비를 모두 마치고 출발 일정을 잡았다면 한 번 더 체크해야 할 것이 있다. 우선 자전거에 대한 점검이 기본이다. 또한, 국토종주 시 발생할지도 모르는 응급상황에 대한 대비. 응급상황은 발생하지 않게 준비를 철저히 하고, 만약 발생했다면 적절한 조치를 취해야 한다.

출발 전 점검은 필수!

1박 이상 장거리 종주를 계획하고 있다면 출발 전에 자전거 점검을 미리 받아놔야 한다. 특별히 교체할 게 없더라도 혹시 모를 고장을 사전에 예방하는 차원이다. 또, 평소 라이딩할 때 알지 못했던 부분에 문제가 있을 수도 있다. 만약, 국토종주 중에 자전거에 문제가 생기면 불필요한 시간 낭비를 하게 된다. 스스로 해결할 수 없는 문제가 발생하면 더욱 난감하다. 비용도 많이 들고, 심하면 종주를 중단하게 된다. 따라서 1박 이상 장거리 여행을 갈 때는 항상 정비를 받고 출발하는 습관을 들이는 게 좋다.

튜브를 교체하는 것 이외에 자전거 정비에 대해 잘 모른다면 자전거 샵을 방문해서 점검을 받는 것이 좋다. 자전거 구매처로 가면 대부분 비용을 받지 않고 점검해준다. 그렇지 않고 일반 샵을 가도 비용은 1만원 내외다. 자전거 점검은 타이어 마모 및 공기압 상태, 기어 세팅, 브레이크 패드 등을 기본적으로 체크하고 조정해준다.

자전거 여행 중에도 출발 전 자전거 점검은 필수다. 브레이크가 정상적으로 작동하는지, 타이어 공기압은 충분하지, 변속 트러블은 없는지를 기본적으로 점검한 후 출발한다.

체인 오일 바르기는 매일!

원활한 변속과 소음 발생을 줄이기 위해서는 적당량의 오일이 체인에 도포되어 있어야 한다. 오일이 모자라면 체인 마모의 원인이 되기도 한다. 특히, 비가 오거나 비포장도로를 주행했다면 그 다음날 체인 오일 바르기는 필수다. 자전거 체인 오일은 건식과 습식 두 가지가 있다. 건식 오일은 오일의 점도가 낮다. 기름때가 잘 발생하지 않아 깔끔하게 체인을 관리할 수 있다. 단, 오일이 빨리 마르기 때문에 50~100km마다 오일링을 해줘야 한다. 습식 오일은 점도가 높다. 윤활성이 좋고 빗물에도 잘 씻겨 내려가지 않는다. 반면 점도가 높아 먼지가 잘 껴, 체인이 금세 더러워지는 단점이 있다. 150~200km마다 오일링을 해준다.

1박 이상 국토종주 자전거 여행을 한다면 오일을 항상 휴대해야 한다. 매일 아침 오일링을 해주고 라이딩을 시작하는 것이 좋다. 오일링을 하면서 체인의 상태도 점검하고, 드레일러에 낀 이물질도 함께 제거한다.

자력으로 해결할 수 없는 고장 시 대처

펑크처럼 혼자 해결할 수 있는 것은 스스로 해결한다. 그러나 체인이 끊어지거나 브레이크가 파손 되는 등 스스로 해결할 수 없는 고장이 발생할 수 있다. 이 때는 현재 위치에서 가장 가까운 곳에 있는 자전거샵을 찾아야 한다. 도시나 그 주변이라면 쉽게 찾을 수 있겠지만, 도시에서 멀린 떨어진 곳에 있다면 난처한 상황에 처할 가능성이 높다.

일반적으로 도시는 자전거샵이 많이 있다. 광역시는 수입 브랜드 샵도 대부분 있다. 그러나

🚲 지나는 라이더에게 도움 요청하기

국토종주 중에 만나는 자전거 여행자들 가운데는 정비 실력이 뛰어난 고수도 있다. 심각한 트러블은 아닌데 스스로 해결할 수 없다면 지나는 라이더의 도움을 요청할 수 있다. 특히, 펑크로 인한 튜브 교체 시 예비용 튜브가 없거나 펑크 패치가 없을 때, 육각 렌치 같은 수리공구가 없을 때 부탁할 수 있다. 고수들은 체인이 끊어져도 체인 링크를 이용해 수리하기도 하고, 기본적인 정비 개념을 숙지하고 있어 자전거샵으로 가는 정도의 도움을 얻을 수 있다. 이렇게 도움을 얻을 수 있다면 자전거길에서 벗어나지 않고 문제를 해결할 수 있다. 만약 지나는 라이더에게 도움을 얻었다면 반드시 사례를 한다. 현지에서 할 수 없다면 전화번호를 물어 나중에라도 사례해야 한다. 또 이런 도움은 라이더가 많이 찾는 길에서는 어렵지 않게 얻을 수 있다. 그러나 외진 곳에서는 라이더를 만나기가 쉽지 않을 수도 있다.

군 소재지가 있는 읍에는 수입 브랜드를 취급하는 전문샵은 존재하지 않는다고 보면 된다. 대신 판매와 수리를 겸업하는 삼천리자전거 대리점이 있을 가능성이 높다. 참고로 삼천리자전거 대리점은 전국 1,300여 곳에 있다. 이곳에서는 제한적인 정비와 부품수급이 가능하다. 문제는 자전거샵까지 가는 방법이다. 도보로 접근할 수 없다면 일반 도로로 이동한 뒤 택시를 불러야 한다. 앞 바퀴를 탈거하면 1대 정도는 뒷좌석에 실을 수 있다. 이때 사전에 자전거 탑재에 대해 택시기사의 동의를 구해야 한다.

국토종주자전거길 주변에는 자전거 여행자를 대상으로 하는 바이크텔이 있다. 이 가운데 일부는 제한적인 자전거 정비는 물론 트럭으로 점프를 시켜주기도 한다. 자전거길에 있는 무인 인증센터 부스에 광고 안내지를 붙여놓기도 하는데, 그냥 지나치지 말고 사진을 찍어 놓으면 비상시에 도움 받을 수도 있으니 참고하자.

① 남한강자전거길의 첫번째 보 이포보. ② 금강자전거길 추가 코스 선유도. ③ 낙동강자전거길 상주 구간의 데크길.

사고 발생 시 대처

자전거 여행을 하다면 보면 크고작은 사고가 날 수 있다. 경미한 사고는 간단하게 조치한 후 라이딩을 계속해도 된다. 그러나 부상 정도가 크면 라이딩을 중단하고 도움을 요청해야 한다.

자전거 사고 가운데 가장 빈번하게 발생하는 게 낙차다. 자전거를 타고가다 자전거와 함께 넘어지는 사고다. 어떤 경우라도 낙차 사고가 발생하면 우리 몸에 충격을 입는다. 가벼운 찰과상이나 타박상에 그칠 수도 있지만, 골절처럼 아주 큰 부상을 당할 수도 있다. 만약 낙차로 인한 골절이나 관절 등에 손상을 입었다면 미련 없이 라이딩을 중단해야 한다. 인적이 드문 곳이라면 119에 도움을 요청하는 것이 가장 빠른 대처방법이다.

큰 부상을 입었을 때 신경 써야 하는 것이 2차 사고다. 이미 몸에 부상을 입었는데도 자전거를 타고 이동하려고 하다보면 더 큰 2차 사고를 당할 수 있다. 예를 들어 낙차로 인해 한쪽 팔에 부상을 입었다고 치자. 이 때 반대 팔로 핸들을 조종하며 자력으로 이동하고 싶은 마음이 들 수 있다. 그러나 이 경우 브레이크 작동 미숙으로 2차 사고로 이어질 가능성 크다. 따라서 사고가 발생해 부상을 입었다면 그 자리에서 멈춘 채 도움을 요청한다. 만약 골절이 아닌, 어느 정도 움직일 수 있는 상황이라면 자전거를 끌고 응급차나 택시가 접근할 수 있는 도로로 간다.

비상약도 항상 구비

자전거 여행자라면 가벼운 정비나 부상 등은 스스로 해결할 준비를 해야 한다. 비상약도 꼭 챙겨간다. 음식이나 물을 잘 못 먹어 발생하는 배탈, 가벼운 찰과상이나 타박상 치료에 필요한 의약품 등은 기본이다. 다양한 사이즈의 밴드, 지사제, 손톱깎기(의외로 요긴하다), 진통제, 소염제 등은 항상 구비해서 가지고 다니자.

> **★TIP★ 119응급차에 자전거는 실을 수 없다**
>
> 고가의 자전거를 타고 가다 사고가 발생해 119를 불렀다. 이 때 119응급차에 자전거도 실어줄까? 답은 실을 수 없다. 119응급차는 환자 이송이 주업무다. 따라서 자전거는 실어주지는 않는다. 그러나 라이더는 자전거가 걱정이 될 것이다. 특히, 값비싼 고가의 자전거라면 더욱 걱정이 될 것이다. 그렇다해도 119응급차에 자전거를 실을 방법이 없다. 이때는 어쩔 수 없더라도 자전거는 두고 가야 한다. 자물쇠가 있다면 묶어두고 간다. 자물쇠도 없다면 눈에 띄지 않는 곳에 두고 가는 수밖에 없다. 주변에 도움을 청할 수 있다면 자전거를 공공시설(파출소, 동사무소, 유인인증센터)이나 상점, 인가 등에 맡겨놓자. 그리고 신속하게 치료를 받으러 이동한다.

자전거 여행 바이블

실전편

01 북한강자전거길

'춘천 가는 기차' 타고 가는 낭만 드라이브

북한강자전거길

(신매대교~밝은광장)

춘천시·가평군·남양주시

>> >> 명불허전! 춘천에서 강촌, 가평, 청평, 대성리 등 서울 근교의 대표적인 나들이 명소를 따라 내려온다. 파노라마 같은 코스라 라이딩 내내 조금도 지루할 틈이 없다. 자전거길도 완벽하게 조성되어 있고, 중간에 전철로 점프하기도 편리하다. 인증제를 시행하는 자전거길 가운데 가장 높은 점수를 주고 싶은 곳이다. 본격적인 국토종주에 나서기 전에 북한강자전거길부터 달려보자.

난이도 60점

코스 주행거리	78km(상)
상승 고도	238m(하)
최대 경사도	5% 이하(하)
칼로리 소모량	2,318kcal

접근성 103km 대중교통 가능

자전거 5.1km	중앙선 16.9km	경춘선 전철 8km
반포대교 — 용산역	상봉역 환승	춘천역

←———————— ITX 직통 ————————→

소요시간 9시간 46분 ITX 이용 시 8시간 36분

가는 길	코스 주행	오는 길
자전거 20분 전철 2시간 16분 총 2시간 36분	5시간 51분	전철 1시간 1분 자전거 18분 총 1시간 19분

양수리 인근의 자전거길은 강 위에 만들어져 있다.

춘천에서 시작해서 북한강을 따라 두물머리까지 이어지는 북한강자전거길은 자전거길이 만들어지기 오래전부터 이미 자전거 동호인들에게 널리 사랑받아온 코스다. 서울 주변에서 당일치기 라이딩을 한다면 가장 먼저 손꼽는 곳 중 한 곳이다. 이곳에 북한강자전거길이 만들어지면서 더 이상 갈림길에서 헷갈리고, 옆을 지나가는 자동차를 신경 쓰며 달릴 일이 없어졌다. 이제는 초보자도 마음 놓고 달릴 수 있는 코스가 된 것이다.

북한강자전거길을 라이딩하기 위해 춘천까지 점프한다면 가장 유용한 교통수단은 단연 청춘 ITX다. 점프를 할 때 기차가 자동차를 이용하는 것보다 불편한 경우가 많다. 하지만 북한강자전거길을 달릴 때는 예외다. 춘천행 청춘 ITX 급행열차는 자동차보다 빠르고 편리하다. 일반적으로 시점과 종점이 다른 종주여행의 경우에 자가용 대신 대중교통수단을 이용한다. 만약 전철로 접근이 가능하다면 금상첨화라고 할 수 있다. 그런데 목적지가 춘천이라면 조금 이야기가 달라진다. 옥수역에서 출발했을 경우 상봉역에서 한 번 환승을 해야 하고 26개 정류장을 지나서 2시간이 넘게 걸려 도착한다. 반면 ITX는 환승 없이 직행으로 운영되는 까닭에 용산에서 1시간 10분 만에 춘천역에 도착한다. 게다가 연중 사용할 수 있는 자전거 전용 거치대도 설치되어 있어 춘천을 시점으로 하는 자전거 여행 시에 아주 유용하다.

춘천역에 내려 강바람을 맞으며 의암호를 따라 올라가 신매대교를 건너가면 북한강자전
거길의 시발점인 신매대교인증센터가 나온다. 기존 호반을 따라 달리는 도로와 나란히 자전
거길이 만들어져 있어 의암호 한가운데 떠 있는 중도와 붕어섬을 바라보며 달린다. 호수의
풍경은 언제나 고요하고 평온하다.

의암댐을 빠져 나온 자전거길은 강촌으로 향한다. 의암댐을 지나면 북한강 둔치를 따라
자전거길이 나 있다. 자전거길은 강촌을 앞두고 강을 건너간다. 자전거길은 강촌에서 P턴을
그리며 북한강 왼쪽 둔치를 따라 내려간다. 강변 풍경이 아주 운치 있는 구간이다. 이어서 자
전거길은 경강대교를 건너 가평읍으로 들어선다. 자전거도로 옆으로 보이는 자라섬오토캠
핑장에서는 휴일 오전을 즐기는 캠퍼들의 느긋한 분위기를 느낄 수 있다.

① 의암댐 부근 자전거도로. ② 춘천호에 있는 소양강처녀상. ③ 북한강자전거길의 시발점인 신매대교인증센터. ④ 가평 쪽에서 바라본
색현터널 입구.

① 가평 경강대교에 조성되어 있는 자전거길. ② 경춘선 철로와 나란히 달리는 자전거길. ③ 가평 백양리역 인근 자전거길의 풍경.

　춘천에서 가평까지 오는 동안 변변한 언덕이 없던 북한강자전거길은 가평읍을 지나면서 상천고개를 앞두고 업힐이 시작된다. 북한강자전거길 최대의 업힐 구간이다. 과거에는 상천고개를 넘어가기 위해서 옛길을 따라 굽이굽이 감아 올라갔지만 최근 정상 부근에 색현터널이 만들어지면서 이제는 길고 완만한 오르막길로 바뀌었다. 경사도는 완만하지만 긴 업힐이라 조금 힘들게 느껴지는 구간이다. 이곳을 지나면 더 이상의 오르막은 나오지 않는다.

　청평 시내에서 다리를 건넌 후 다시 북한강을 따라 달린다. 청평에서 대성리로 이어지는 길도 운치가 있다. 경춘선자전거길과 만나는 샛터삼거리인증센터를 지나면 자전거길은 도로와 나란히 달린다. 남한강과 만나는 양수리 두물머리를 앞두고는 다시 한강 둔치를 따라 자전거길이 나 있다. 샛터삼거리인증센터를 지나 도로와 나란히 달리던 재미없는 길은 남양주시 물의정원으로 들어서면 한껏 운치가 있다. 이곳은 북한강변에 조성한 생태공원으로 자전거길과 산책로, 꽃길이 조성되어 있다. 이곳을 지나면 북한강자전거길 종점 밝은광장인증센터에 도착한다. 처음 떠난 장거리 자전거 여행으로 피곤하다면 운길산역에서 점프한다. 아직 힘이 남아 있다면 남한강자전거길을 달려 팔당역이나 덕소역까지 간다.

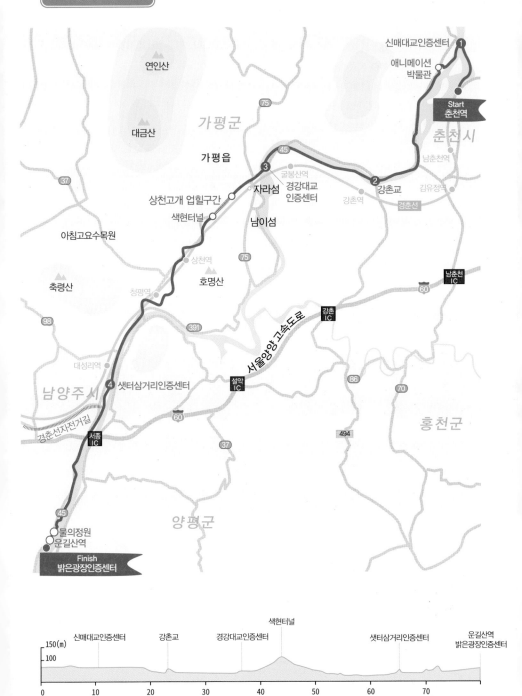

연인산

가평군

대금산

가평읍

[75]

45

신매대교인증센터 [1]
애니메이션
박물관

Start
춘천역

춘천시

남춘천역

강촌교 [2]

김유정역

경춘선

3

굴봉산역

경강대교
인증센터

강촌역

자라섬

상천고개 업힐구간

색현터널

남이섬

아침고요수목원

[37]

상천역

[75]

남춘천
IC

[60]

축령산

청평역

호명산

강촌
IC

설악
IC

서울양양 고속도로

[86]

[70]

홍천군

[391]

[98]

대성리역

샛터삼거리인증센터 [4]

남양주시

경춘선자전거길

서종
IC

[60]

[494]

[37]

양평군

[45]

물의정원
운길산역

Finish
밝은광장인증센터

신매대교인증센터   강촌교   경강대교인증센터   색현터널   샛터삼거리인증센터   운길산역
밝은광장인증센터

150(m)
100

0   10   20   30   40   50   60   70

코스 접근

청춘 ITX : 용산—옥수(1일 3회 정차)—왕십리(1일 6회 정차)—청량리—상봉—퇴계원—사릉—평내—마석—청평—가평—강촌—남춘천—춘천을 연결하는 급행열차다. 용산에서 춘천까지 요금은 성인 편도 기준 9,800원. 총 8량의 객차 중 맨 앞과 뒤 객차에 각각 4대까지 자전거를 실을 수 있는 거치대가 있다. 인터넷이나 모바일로 매표시 좌석옵션에서 선택하면 된다. 자전거 이용료는 없다.

전철 : 옥수역에서 출발 시 중앙선으로 상봉역까지 이동 후 경춘선으로 환승한다. 26개역을 거치며, 소요시간은 2시간 10분이다. 요금은 성인 편도 3,200원이다.

고속버스 : 강남고속버스터미널에서 춘천터미널까지 수시로 운행된다. 성인 편도 1만100원. 동서울터미널과 잠실역에서도 출발한다.

자가용 : 서울에서 경춘고속도로를 이용해 남춘천IC로 나온다. 고속도로 이용료는 편도 3,900원.

코스 가이드

북한강자전거길은 신매대교인증센터부터 밝은광장인 증센터에 이르는 약 71km의 자전거길이다. 춘천역에서 신매대교까지는 약 7km 거리다. 신매대교, 강촌교, 그리고 경강교까지 모두 세 번 다리를 건너가게 되는데, 이때 코스에서 이탈하지 않도록 주의할 필요가 있다. 춘천역에서 신매대교까지는 공지로를 따라

① 청춘ITX 객차의 자전거 거치. ② 전철의 자전거 거치.

코스 내비게이션

춘천역 출발
춘천역을 마주보고
우측 방향(북쪽)으로 진행

① **신매대교 5.9km**
북한강자전거길을 따라 북진하다
신매대교 건너 좌회전

② **강촌대교 23.8km**
강촌대교 건너 하단의 자전거도로
연결부를 만날 때까지 직진 후 유턴

소양2교를 건너 북쪽으로 올라가다 만나는 춘천인형극장 옆의 신매대교를 건너가야 한다.

신매대교, 경강교, 샛터삼거리, 밝은광장에서 인증도장을 찍을 수 있다. 이중에서 운길산역 앞에 있는 밝은광장인증센터(유인)에서 종주인증을 받을 수 있다. 단, 오후 6시에는 업무가 종료된다.

난이도

업힐이 거의 없는 평이한 코스다. 상천고개를 넘어가는 색현터널이 북한강자전거길 최대의 업힐 구간이다. 가평 방면에서 약 3km의 완경사길이 길게 이어진다. 경사도는 5% 미만이지만 길게 이어지는 탓에 기어조작이 서툰 초보자들에게는 오히려 급경사보다 힘들게 느껴질 수도 있다.

보급 및 식사

북한강자전거길은 지방의 자전거길과 달리 강촌역, 가평역, 청평역, 대성리역을 연결하는 경춘선 열차노선과 나란히 연결되어 있어 라이딩 도중 보급과 식사를 해결하는 데 어려움이 없다. 신매대교인증센터 지나 의암댐으로 내려오다보면 애니메이션박물관과 만나게 되는데, 이곳 1층에 카페가 있다. 넓은 잔디밭과 그 앞으로 마주 보이는 의암호의 경치가 꽤나 멋있다. 라이딩 중간 커피 한 잔의 여유를 즐겨보자.

① 굴봉산역에 정차중인 청춘 ITX열차. ② 춘천호에 있는 소양강 스카이워크.. ③ 춘천애니메이션박물관 앞의 넓은 잔디밭.

③ 경강대교 합류부 36.5km
경강대교 상단부로 이동 후 다리를 건너간다. 이 다리를 건너면 가평이다.

④ 샛터삼거리인증센터 65km
샛터삼거리인증센터에서 좌회전, 직진하면 경춘선자전거길이다.

⑤ 밝은광장 79 km (종료)

02

-자전거 여행 바이블-

섬진강
자전거길

섬진강자전거길 PREVIEW

섬진강자전거길은 4대강 종주 인증 구간에서 빠져 있다. 개통일자도 2013년으로 4대강에 비해 1년 늦다. 그렇다고 섬진강자전거길이 12개 국토종주자전거길 중에서 별 볼일 없을지도 모른다고 생각하면 엄청난 착각이다. 오히려 국토종주자전거길을 완주한 동호인들은 이구동성으로 다시 달리고 싶은 아름다운 강길 1순위로 섬진강자전거길을 꼽는다.

섬진강자전거길이 이처럼 라이더들의 사랑을 받는 것은 자연미 때문이다. 섬진강자전거길은 인위적인 치수 공사를 하지 않았다. 그래서 자연적인 하천 모습이 그대로 남아 있다. 빠른 물살에 깎여 만들어진 전북 순창 장군목의 기기묘묘한 바위들, 백운산과 지리산 산그림자가 내려앉은 곡성과 구례의 계곡 같이 깊은 강, 드넓은 강변에 펼쳐진 하동의 은모래 등 시시각각 변모하는 섬진강은 우리나라 강의 원형이라 할 수 있다. 어디 그뿐이랴. 봄이면 구례에서 하동으로 이어진 섬진강 백리길은 매화와 벚꽃이 흐드러지게 피는 꽃길로 변신한다. 언제라도 다시 달려보고 싶은 편안하고 그리운 자전거길이 바로 섬진강이다.

섬진강자전거길은 임실에서 출발해서 전남과 경남의 경계를 오가며 광양시까지 내려간다. 하동 화개장터가 경상도와 전라도가 마주하는 지점이다. 자전거길 길이는 149km. 강변에 만들어진 국토종주자전거길 중에서는 낙동강자전거길에 이어 두번째로 길다. 섬진강 상류 순창군 유풍교에서 영산강자전거길을 잇는 26km의 연결 코스가 갈라진다. 이 길을 따라 가면 담양군 메타세콰이아인증센터로 연결된다. 목포에서 출발해 영산강자전거길을 종주하고. 다시 섬진강자전길을 연결해서 종주하려는 라이더를 위해 마련된 길이다.

코스 개관

- ◆ 자전거길 총 길이 149km ◆ 총 상승고도 612m ◆ 종주 소요기간 2일
- ◆ 1일 평균 주행거리 76km ◆ 1일 평균 상승고도 306m
- ◆ 섬진강자전거길 구간인증자 55,754명

코스 난이도

국토종주자전거길 중에서 가장 난이도 낮은 편에 속한다. 평균 상승고도 306m, 평균 주행거리 76km로 북한강자전거길(거리 78km, 상승고도 238m) 난이도와 얼추 비슷하다. 재와 령 같은 오르막은 없다. 짧은 오르막을 몇 번 통과하는 것이 전부다. 상류와 하류로 구간을 나눠 비교해보면 하류 코스가 좀 더 평탄하다.

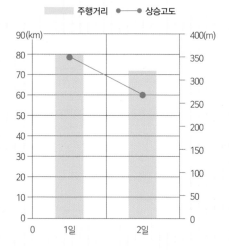

종주 계획 세우기

섬진강자전거길은 섬진강댐인증센터에서 배알도수변공원인증센터까지 149km 거리다. 여기에 배알도에서 중마터미널까지 11km 추가 라이딩을 해야 한다. 두 거리를 합치면 총 주행거리는 157km가 된다. 하루 라이딩 거리 80km 기준으로 2일이 소요된다. 중간에 압록에서 석곡까지 대황강자전거길(편도 18km, 왕복 36km)을 다녀올 수도 있다. 여기에 섬진강댐으로 만들어진 옥정호 코스까지 추가할 수 있다. 섬진강자전거길은 대부분 1박2일 여정으로 한 번에 종주를 한다. 영산강자전거길까지 연결해 종주하는 라이더도 상당히 많다. 두 자전거길이 수도권에서 먼 곳에 있어 한 번 걸음으로 다 돌아보려는 마음에서다. 또 두 자전거길을 연결하는 자전거길이 있어 더욱 그런 마음이 든다.

종주 방향 정하기

대다수의 동호인들은 섬진강 상류에서 하류로 라이딩을 한다. 가장 큰 이유는 경관 때문이다. 섬진강자전거길은 '보'와 같은 인공구조물에 의해서 단절되지 않고 끊김없이 이어진다. 이런 이유로 이 강이 품고 있는 풍광과 스토리텔링을 따라가려면 상류에서 출발하는 것이 좋다. 상류와 하류의 고도차도 존재한다. 섬

고려 항목	가중치
경관	높음
고도차	중간
차편	높음
바람	중간

① 섬진강자전거길 순창 구간.
② 하늘에서 내려다본 섬진강
자전거길 구례 구간.

진강댐인증센터가 하류보다 약 100m 가량 높다. 따라서 상류에서 출발해야 미약하나마 오르막 구간을 줄일 수 있다. 차편을 고려해도 상류에서 출발하는 것이 유리하다. 서울에서 섬진강댐인증센터와 가까운 강진터미널까지는 3시간, 광양까지는 4시간이 소요된다. 첫날 강진에서 출발해야 1시간이라도 더 자전거를 탈 수 있다. 문제는 강진터미널로 가는 차편이 평일 3회(금, 토, 일 5회)로 많지 않다는 것이다. 자전거 타기 좋은 계절에는 이 노선이 동호인들로 붐빈다. 만약 오전에 출발하는 차편을 구하지 못했다면 인근 임실시외버스터미널을 이용 한다.

코스 IN/OUT

상류에서 하류로 내려가면 전북 강진시외버스터미널 IN, 광양 중마버스터미널 OUT이 된다. 강진행 차편을 못 구했다면 임실읍으로 간다. 강진행 차표 예약 시 헷갈리지 말아야 할 게 있다. 강진이란 지명은 전남에도 있다. 전북 강진(면)보다 전남 강진(군)이 더 크기 때문에 강진터미널로 검색하면 전남 강진군터미널이 먼저 나온다. 꼭 전북 강진을 확인하고 예매하자. 만약 종주 중간에 돌아와야 한다면 전남 곡성과 구례, 경남 하동에서 버스를 이용할 수 있다.

숙소와 보급

섬진강자전거길은 치수 공사를 벌이지 않은 덕에 자전거길이 주변에 있는 읍이나 면소재지와 자연스럽게 연결된다. 대도시와 떨어져 외진 곳에 있는 자전거길에 비해 숙박과 식사를 해결하는데 무리가 없다. 첫날은 강진터미널 주변의 식당에서 식사를 하고 출발하는 것이 좋다. 1박을 하는 중간 경유지는 곡성으로 삼는다. 곡성 인근에는 자전거길이 강 좌우로 조성되어 있다. 만약 곡성 읍내에서 식사와 숙박을 해결한다면 강 오른쪽 자전거길로 한 번 넘어와야 한다. 섬진강자전거길은 강 건너편 왼쪽으로 안내되고 있다.

곡성 압록유원지 주변에도 숙소와 식당 몇 곳이 영업해 숙박지로 많이 이용한다. 특히, 압록유원지 맞은편 참게은어식당거리는 빼먹고 지나가기에는 너무 아쉬운 곳이다. 참게탕과 은어회는 섬진강의 별미다. 만약, 대황강자전거길까지 추가로 달린다면 종료지점인 석곡의 명물 석쇠불고기도 꼭 먹어야 한다. 2일차는 구례와 화개, 하동에서 식사와 보급을 해결하면 된다.

구비구비 사연 많고 절경 많은 강마을 따라

섬진강 종주1
(임실읍~압록)

임실군 ·순창군·곡성군

>> >> 섬진강 상류지역의 풍경을 제대로 느낄 수 있는 구간이다. 아직 때 묻지 않은 인심과 풍경이 남아 있어 라이딩 내내 상쾌한 느낌이 든다. 자연은 역시 자연 그대로의 모습이 가장 아름답다는 것을 새삼스럽게 깨닫게 해준 코스다.

난이도	20점	60점
	임실읍~섬진강댐	섬진강댐~압록
코스 주행거리	21km(하)	80km(상)
상승 고도	89m(하)	347m(중)
최대 경사도	5% 이하(하)	5% 이하(하)
칼로리 소모량	767kcal	2,917kcal

접근성　245km

├── 자전거 4.3km ──┤ ├──── 버스 230km ────┤ ├── 자전거 21km ──┤
반포대교　서울남부터미널　　　　　임실터미널　　　섬진강댐

소요시간　9시간 52분 (10시간 57분) 1박2일 추천

가는 길	코스 주행
자전거 17분	5시간 45분 (곡성까지)
고속버스 3시간	6시간 50분 (압록까지)
자전거 50분	
총 4시간 7분	

섬진강자전거길은 전라북도 임실군 강진면에서 전라남도 광양시까지 이어지는 149km 자전거코스이다. 이곳 또한 종주인증제 시행구간으로 8곳의 인증소가 있어 스탬프를 모두 찍으면 섬진강 종주인증을 받을 수 있다.

섬진강자전거길은 금강, 영산강자전거길과 조금 차이가 있다. 이곳은 하천을 정리하지 않았다. 즉, 4대강 사업에서 제외된 곳이라 설치된 보가 없으며 자연 그대로의 하천을 따라서 자전거도로가 조성되어 있다. 섬진강은 또 자전거도로 개통 이전에도 아름다운 경관으로 유명했던 곳이다. 섬진강 상류는 시인 김용택 생가, 장구목, 향가, 압록유원지 등 수많은 절경을 품고 있다. 이 때문에 풍경만 놓고 봤을 때 섬진강자전거길을 종주인증제 시행 자전거길 중에 최고로 치는 사람이 많다. 또 상류지역에 오염원이 될 만한 대도시가 없어 수질도 깨끗하다. 섬진강을 따라가며 특별한 숙소가 있고, 참게, 은어, 다슬기 등 섬진강에서 잡은 민물고기를 이용한 별미 맛집도 있어 자전거 여행의 즐거움을 더해준다.

섬진강자전거길은 낙동강자전거길에 이어 강에 조성된 자전거길 가운데 두번째로 길다. 종주코스 외에 임실읍에서 섬진강댐인증센터까지 21km, 광양 배알도수변공원인증센터에서 광양터미널까지 11km를 추가로 달려야 해서 실주행 거리가 180km 가량 된다. 종주 일정을 1박2일로 잡았다면 하루 90km 정도를 달려야 한다. 여기에 서울에서 임실과 광양을 오가는 이동시간도 만만치 않다. 시간조절을 잘해야 하고, 아침 일찍부터 부지런히 움직여야 한다.

임실읍에서 섬진강댐인증센터까지 가는 데는 자전거로 1시간 가까이 걸린다. 서울에서 임실까지 긴 이동거리 탓에 피곤할 법도 하지만, 기대가 컸던 코스라 본격적인 라이딩을 앞두고 마음이 들뜨기 시작한다.

① 섬진강자전거길의 시발점 섬진강댐인증센터. ② 장구목유원지의 현수교.
③ 섬진강 화탄잠수교. 홍수 때는 우회도로를 이용한다.

① 향가유원지 전망대에서 바라본 풍경.
② 증기기관차의 종착역인 가정역의 구름다리.
③ 향가유원지인증센터. 맞은편에 향가터널이 보인다.

섬진강댐인증센터를 출발한 자전거길은 농로와 강둑을 따라서 이어진다. 잘 닦인 자전거 전용도로에서 출발하던 다른 곳의 종주코스와는 사뭇 다른 출발이다. 매끈한 길은 아니지만 자연스럽고 투박한 길을 따라 하류로 내려가는 기분은 상쾌하다. 시인 김용택의 생가가 있는 장산마을에서 요강바위가 있는 장군목에 이르러 길은 강마을의 원형을 보는 것처럼 아름답다. 이곳은 영화 〈아름다운 시절〉과 〈춘향전〉 등을 촬영한 곳이다. 자전거길은 장군목의 현수교를 지나서도 굽이굽이 흘러가는 섬진강과 함께 자전거도로와 일반 도로를 오가며 하류로 이어진다.

순창군 내월리에서 나지막한 고개를 넘어간 자전거길은 일제시대 때 만들어졌다는 향가터널을 통과해 향가유원지에 다다른다. 유원지 전망대에서 바라본 섬진강의 모습이 아름답다. 강은 넓은 백사장을 만들며 산줄기를 따라 모래톱을 감아 돌아간다.

순창을 지나 곡성군으로 내려가면 섬진강은 제법 물줄기가 굵어지면서 강의 모습을 갖추기 시작한다. 곡성읍을 지나면서 자전거길은 전라선 철길과 나란히 압록유원지로 향한다. 구 곡성역에서 가정역에 이르는 철길은 전라선 직선화 사업으로 폐선된 구간으로 곡성군이 증기기관차를 운행하면서 인기를 끌고 있다. 증기기관차의 종착역 가정역은 구름다리와 천문대, 야영장, 자전거길 등이 조성됐다. 또 라이더의 쉼터인 두가헌도 있다.

코스 접근

서울 남부버스터미널에서 임실까지 시외버스가 운행된다. 요금은 2만4,600원, 소요시간은 3시간 30분이다. 섬진강댐인증센터가 있는 강진면까지는 임실에서 자전거로 약 1시간 거리다. 서울 센트럴시티터미널에서 전북 강진터미널로 고속버스가 운행한다. 하루 5회 차편이 있다. 3시간 5분 소요되며, 요금은 1만7,800원이다.

코스 가이드

자전거 전용도로와 일반 도로, 그리고 농로 사이를 정신 없이 오고 가며 연결된다. 하지만 워낙 차량통행이 적어 이마저도 이 구간의 정겨움으로 다가온다. 코스 곳곳에 깨알 같은 전설과 절경이 있어 라이더의 발길을 잡아 끈다. 빨리 가는 것보다 천천히 많이 보면서 가는 게 섬진강자전거길을 즐기는 방법이다.

난이도

임실읍~섬진강댐인증센터 구간:임실을 출발해 8km 지점인 두만리와 장재리 경계 부근에 업힐 구간이 있는데, 경사도 5% 이하의 완경사 구간이다. 이곳을 넘어 31번 국도를 타고 인증센터가 있는 회문삼거리까지 계속 남하하면 된다.

섬진강댐인증센터~곡성 구간:전체적으로 인지하지 못할 정도의 아주 미약한 내리막이 시작부터 끝까지 이어진다. 출발지에서 하행 19km 지점인 내월삼거리에 1km의 업힐 구간이 있다. 이 구간 최대의 업힐이지만 경사도 10% 이하의 완경사 구간이다.

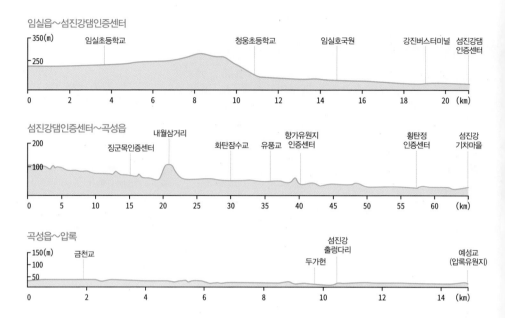

임실읍~섬진강댐인증센터

350(m)
250

임실초등학교 청웅초등학교 임실호국원 강진버스터미널 섬진강댐
인증센터

0 2 4 6 8 10 12 14 16 18 20 (km)

섬진강댐인증센터~곡성읍

200
100

징군목인증센터 내월삼거리 화탄잠수교 유풍교 향가유원지
인증센터 횡탄정
인증센터 섬진강
기차마을

0 5 10 15 20 25 30 35 40 45 50 55 60 (km)

곡성읍~압록

150(m)
100
50

금천교 섬진강
출렁다리 두가헌 예성교
(압록유원지)

0 2 4 6 8 10 12 14 (km)

곡성~압록유원지 구간 : 곡성기차마을에서 압록유원
지에 이르는 15km는 완전한 평지 구간이다. 섬진강천문
대까지는 자전거도로를 이용하다가 이후 일반 도로인 섬
진강로를 따라 예성교까지 이어진다.

보급 및 식사

섬진강자전거길을 따라 이름난 음식점이 많다. 특히,
물 맑은 섬진강에서 잡은 민물고기를 이용한 요리
가 알아준다. 임실시내에 있는 **대만원(☎** 063-642-
3045, 임실군 임실읍 이도리 693-6)은 짬뽕(8,000
원)이 맛있다. 자극적이지 않으면서 부드러운 국물이
일품이다. 섬진강댐인증센터에서 가까운 강진시외버
스터미널 뒤쪽 강진시장 안에 있는 **행운국수(☎** 010-
4364-1094, 임실군 강진면 갈담리 515-4)는 자연
건조시켜 만든다는 백양국수면을 사용한다. 소박하
면서 예스러운 국수를 맛볼 수 있다. 물국수 5,000
원. 곡성경찰서 근처에 있는 **삼기국밥(☎** 061-363-
0424, 곡성군 곡성읍 읍내22길 9-1)은 남도 스타일
순대국밥으로 유명하다. 새끼보국밥(1만2,000원)과
암뽕순대국밥(1만2,000원)이 대표메뉴.

숙박

곡성 부근에는 다양한 숙소들이 있다. 자전거길에서
2km 가량 떨어진 **섬진강기차마을레일펜션(☎** 010-
2655-9126)은 기차 객차를 개조해 만든 숙소다. 곡
성시내와 가깝고 기차마을 관람이 용이하다. 증기기
관차의 종점인 가정역에 있는 **섬진강기차마을펜션(☎**
061-362-5600)도 통나무집과 열차 객차를 개조해 만
든 숙소다. 섬진강자전거길에서 가깝다. 가정역 맞은편
자전거길 바로 옆에 있던 한옥 펜션 **두가헌(☎** 010-
6620-3430)은 현재 카페만 운영한다. 가정역 맞은
편에 있는 **곡성군청소년야영장(☎** 061-362-4186,
곡성군 고달면 가정마을길 51)에는 10인용 대형 숙
소가 있어 단체여행객들에게 적합하다. 글램핑장도
운영한다.

① 임실 중국집 대만원의 짬뽕. ② 강진시장 행운집의 물국수.

매화, 벚꽃 피고지는 섬진강 100리 물길 따라

섬진강 종주2
(압록~구례읍~배알도인증센터)
구례군·하동군·광양시

>> >> 섬진강 상류와 달리 하류로 내려갈수록 새로 만들어진 자전거길
은 넓어지고 안전해진다. 다만, 압록에서 섬진강 매화마을까지는 많은
부분을 일반 도로를 달려 라이딩 시 주의가 필요하다. 평상시에는 한가
한 도로지만 매화와 벚꽃이 필 때는 차량과 인파로 상당히 혼잡하다.

난이도   60점

코스 주행거리	71km(중)
상승 고도	265m(중)
최대 경사도	5% 이하(하)
칼로리 소모량	2,416kcal

누적 주행거리   173km

├──── 1일차 101km ────┤   ├──── 2일차 72km ────┤

임실버스 터미널	섬진강댐 인증센터	곡성	압록	구례	하동	배알도 인증센터

누적 소요시간   19시간 52분

가는 길	1일차 코스주행	2일차 코스주행	오는 길
자전거 17분 버스 3시간 자전거 50분 총 4시간 7분	5시간 45분 (곡성까지) 6시간 50분 (압록까지)	4시간 15분	자전거 43분 버스 3시간 40분 자전거 17분 총 4시간 40분

곡성 압록유원지에서 광양까지의 섬진강 하류 구간은 벚꽃터널로 유명한 섬진강 벚꽃길을 지나간다. 구례에서 하동까지 흘러가는 섬진강 좌우에 19번 국도와 861번 지방도가 나란히 달리는데, 이 길의 가로수가 모두 벚나무다. 단, 이 구간은 별도의 자전거도로가 만들어져 있지 않다. 일반 도로를 주행하기 때문에 매화와 벚꽃이 필 때는 행락 인파와 차량들로 라이딩하기가 피곤하다.

벚꽃이 피는 시즌이 아니라도 섬진강 하류는 상류에서 보여줬던 아름다운 풍경들을 계속 보여준다. 섬진강은 하류로 내려왔어도 지리산과 백운산에서 발원하는 계곡에서 물을 보태기 때문에 상류의 맑고 청량한 느낌을 잃지 않는다. 특히, 하동에 이르러서는 맑은 강물과 넓은 모래톱, 그리고 강물에서 재첩을 채취하는 사람들이 어울려 자전거 여행자의 시선을 사로잡는다.

압록에서 광양 배알도인증센터까지는 71km 거리다. 종주를 마친 후 버스터미널이나 기차역까지는 다시 10km를 추가로 이동해야 하기에 총 주행거리는 80km 정도다. 코스 중간에 구례와 화개장터, 하동을 지나가기 때문에 보급이나 식사를 해결하는 데는 무리가 없다. 자전거도로도 하류로 내려갈수록 상태가 좋아진다. 일반 도로를 따라 가던 길은 화개장터 맞은 편에 있는 남도대교인증센터부터 새롭게 만들어진 자전거 전용도로를 타고 안정감있게 광양까지 이어진다.

압록에서 아침 일찍 라이딩을 시작한다. 상쾌한 아침공기를 가르며 섬진강로를 따라 구례구역으로 가는 길은 가로수가 벚나무다. 봄이면 벚꽃으로 터널을 이루는 모습이 그려진다.

구례교를 건너 구례구역을 앞을 지난다. 이곳부터 광양까지는 섬진강 서쪽으로 난 길을 따라 내려간다. 구례구역을 지나자 멀리 지리산의 산봉우리들이 보이기 시작한다. 가을의 높아진 하늘과 맑은 강물, 산자락에 걸쳐 있는 구름이 한폭의 그림처럼 아름답다. 북쪽으로

① 섬진강 매화마을 인근의 자전거도로. ② 강 건너에 화개장터가 있는 남도대교인증센터.

① 전라선 기차가 서는 구례구역. ② 광양과 하동을 잇는 섬진교가 지나는 섬진강자전거길. ③ 자전거도로가 작은 굴곡을 그리며 이어지는 섬진강자전거길 하류. ④ 섬진강자전거길의 종점인 배알도인증센터.

향하던 강물은 사성암인증센터를 지나면서 다시 동쪽으로 방향을 튼다. 이곳에서 얼마 가지 않아 화개장터가 마주 보이는 남도대교인증센터에 도착한다.

화계장터를 지나면서 섬진강의 강폭은 더욱 넓어진다. 그만큼 넓어진 강의 많은 부분을 백사장이 차지했다. 자전거길은 섬진강 매화마을을 지나 하동에 닿는다. 이곳에서 섬진교를 건너가면 하동읍이다. 하동읍 앞 섬진강에는 강물 속에서 재첩을 잡는 사람들의 모습이 인상적이다.

하동을 지나면서 자전거 전용도로는 더욱 잘 닦여 있다. 라이더도 많아진 것을 보면 목적지인 광양이 얼마 남지 않았다. 망덕포구는 가을이면 전어축제가 열리는 곳으로 유명하다. 강변 횟집의 수조에 가득 담겨 있는 전어들이 이곳이 전어로 유명한 곳임을 말해준다. 벚꽃이 필 때는 섬진강에서 나는 주먹만한 벚굴로 또 한 번 빛을 발하는 곳이다.

마침내 태인대교를 건너면 섬진강자전거길의 종착지인 배알도에 들어선다. 배알도수변공원인증센터에서 종주도장을 찍는 것으로 섬진강 자전거 여행을 마무리한다.

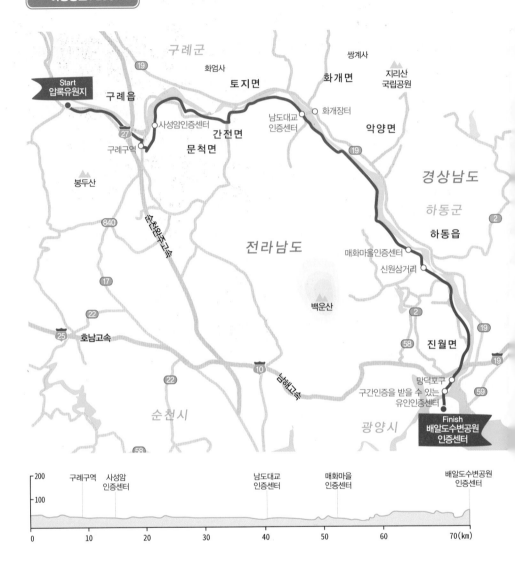

코스 가이드

압록에서 구례까지는 섬진강로를 따라서 이동한다. 구례읍 외곽에서는 잠시 자전거도로를 주행하다가 구례읍 지나면 다시 861번 도로를 따라 내려간다. 자전거도로와 만나는 것은 섬진강 매화마을 부근부터다.

코스 아웃

배알도인증센터에서 중마터미널까지는 11km 거리다. 일부 택시들이 캐리어를 장착하고 터미널까지 점프를 시켜주기도 한다. 중마버스터미널에서 강남고속버스터미널로 운행하는 차편이 있다. 강남터미널

① 태인대교 인근의 인증센터 안내표시판. ② 망덕포구 전어축제에서 맛본 전어구이.
③ 어마어마한 양이 나오는 신원반점의 볶음밥.

까지 일반 편도요금은 3만4,700원, 4시간 소요된다.
19:20에 막차가 있다.

난이도

업힐 한 곳 없는 평지구간이다. 일반 도로 구간 주행
이 길다는 점을 제외하면 초보자도 라이딩하기에 무
리가 없다. 주말에도 섬진강로와 861번 도로 구간에
는 차량통행이 거의 없다. 단, 벚꽃과 매화축제가 열
릴 때는 예외다.

시기

섬진강 하류는 봄가을로 축제가 많다. 봄에는 매화
축제와 벚꽃축제가 3월부터 4월까지 이어진다. 9월
중순에는 망덕포구에서 전어축제가 열린다. 축제가
열린다는 것은 볼 것 많고, 먹을 것도 많다는 이야기
다. 하지만 그만큼 번잡하다. 특히, 이 구간은 일반 도
로에서 주행하는 곳이 많아 행락인파에 피로를 느낄
수 있다. 여행 계획을 잡는 데 참고하자.

구간인증받기

자전거길 종착점인 배알도수변공원으로 가려면 태안
대교를 건넌다. 다리를 건너기 전에 유인인증센터가
있다. 먼저 이곳에서 구간 인증을 받고 배알도수변공
원에 있는 무인인증센터로 가서 종주도장을 찍어야
두 번 걸음을 하지 않는다.

보급 및 식사

곡성~광양 구간은 손꼽는 미식여행지다. 봄은 벚굴,
여름은 은어회, 가을은 전어회, 겨울은 재첩국과 참
게탕 등 입맛을 다시게 하는 음식들이 기다리고 있
다. 남도대교인증센터 맞은편에 있는 화개장터는 볼
거리도 많고 먹을거리도 많은 곳이다. 섬진강 민물고
기를 이용한 튀김과 매운탕, 참게장(2만원), 재첩국
백반(1만원)이 유명하다. 매화마을인증센터에서 광양
방면으로 2.5km 거리에 있는 **신원반점**(☎ 061-772-
0128, 전남 광양시 다압면 섬진강매화로 1205)은 라
이더들의 허기를 채워주는 중국집으로 유명하다. 맛
은 기본, 가격은 저렴하면서 양은 어마어마하다. 모
든 음식이 일반 음식점의 거의 2인분에 맞먹는다. 짜
장면 3,000원, 짬뽕 4,000원, 볶음밥 4,500원.

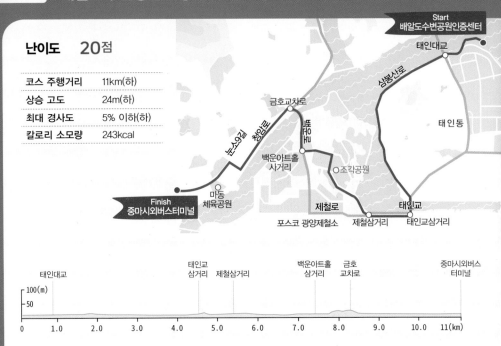

난이도   20점

코스 주행거리	11km(하)
상승 고도	24m(하)
최대 경사도	5% 이하(하)
칼로리 소모량	243kcal

마지막 인증센터가 있는 배알도수변공원은 광양시 서쪽 외곽에 있다. 광양시 중심에 있는 중마시외버스터미널까지는 추가 라이딩을 해야 한다. 지도 앱으로 터미널까지 경로를 찾으면 태인교를 건너 섬을 빠져 나온 다음 '제철로'를 따라 이동하도록 안내할 것이다. 문제는 이 구간에 포스코 광양제철소가 있다는 것이다. 왕복 4차선 도로에 대형 트럭들이 수시로 들락거려 심리적으로나 물리적으로 편안하게 라이딩하기 어렵다. 이 구간은 지도 앱에서 안내하는 경로 대신 조금 돌아가더라도 금호대교를 건너는 루트를 추천한다. 배알도수변공원에서 태안대교 아래로 난 삼봉산로를 따라 섬 서쪽 해변을 따라 간다. 태인도를 시계 반대 방향으로 돌다가 태인교를 건너 섬을 빠져 나온다. 제철로와 만나는 태인교삼거리부터는 도로 오른쪽에 자전거 전용도로가 있다. 이 길을 따라 서쪽으로 이동한다. 800m쯤 가면 제철삼거리에 도착한다. 이곳에서 직진하지 말고 자전거길을 따라 우회전해 금호로를 따라 간다. 조각공원과 하나로

마트 지나 사거리에서 좌회하면 백운아트홀사거리로 이어진다. 이 구간은 광양시에서 조성한 광양제철소 배후 주택단지로 차량 통행량이 적고 조용하다. 이후 금호대교를 건너 청암로를 따라 남쪽으로 이동한다. 인도에 보행자 겸용 자전거도로가 있다. 청암로를 따라 가다 마동체육공원 인근에서 우회전해 한 블록 들어간 뒤 다시 좌회전 하면 중마시외버스터미널에 도착한다.

★TIP★   택시를 이용해 터미널 가기

광양시에는 자전거 캐리어를 장착한 택시들이 운행하고 있다. 주로 배알도수변공원 인근에서 종주를 마친 여행자를 기다린다. 1인당 1만원씩 요금을 받고 사람들을 모으거나, 1대당 2만5,000~3만원의 요금을 받고 중마터미널까지 태워주기도 한다.

구절초향 가득한 붕어섬 찾아가는 호반 라이딩

옥정호 | 임실군·정읍시

>> >> 옥정호는 섬진강댐이 만들어지면서 생긴 인공 호수다. 섬진강의 시원은 옥정호에서도 한참을 거슬러 올라가야 하지만, 옥정호까지만 돌아봐도 충분하다. 특히, 옥정호는 물안개와 구절초, 그리고 붕어섬으로 유명하다. 호숫가에 딱 붙게 만들어진 수변도로를 달리는 기분이 일품이다. 국사봉 전망대에서 내려다보는 붕어섬의 풍광도 인상적이다. 섬진강 종주가 아니라도 일부러 찾아볼만한 충분한 가치가 있는 코스다.

난이도	80점	코스 주행거리	76km(상)
		상승 고도	1,007m(상)
		최대 경사도	10% 이상(상)
		칼로리 소모량	1,548kcal

코스접근성 대중교통 가능	243km	고속버스 243km ○————————————————————○ 강남고속버스터미널　　　　　　　　　　　　강진공용버스터미널		

소요시간 당일 가능	13시간	가는 길 버스 3시간	코스 주행 6시간 13분	오는 길 버스 3시간 30분 자전거 17분 총 3시간 47분

섬진강댐인증센터가 있는 임실군 강진면은 섬진강 종주 자전거 여행 출발지다. 종주 여행자들이 잠시 스쳐 지나가는 이곳에 보석 같은 자전거 코스가 숨겨져 있다. 옥정호 수변을 따라 달리는 옥정호 라이딩 코스가 바로 그것이다.

옥정호는 섬진강댐이 만들어지면서 생겨난 인공호수다. 저수면적이 26.3㎢로 춘천 의암호의 2배 크기다. 수변을 따라 완벽한 데크길이 만들어져 있는 의암호와 달리 옥정호 주변에는 별도로 조성된 자전거길은 없다. 일반 공도를 주행해야 한다. 호수의 남동쪽은 도로가 호수와 떨어져 있는 반면 북서쪽은 호수와 가깝게 길이 나 있다. 특히, 운암교 북단에서 국사봉 전망대까지 약 10km 구간이 옥정호 자전거 코스의 백미다. 이 구간은 '옥정호물안개길'이라는 걷는 길도 조성되어 있는데, 국토부가 뽑은 '아름다운 한국의 길 100선'에 선정됐다. 길 이름에서 유추해볼 수 있듯이 물안개는 옥정호를 관통하는 키워드 중 하나다. 내륙에 자리한 호수들은 대부분 일교차가 크게 벌어지는 봄가을에 물안개가 피어난다. 옥정호도 마찬가지다. 봄가을 이른 시간에 라이딩에 나선다면 안개 속을 달리는 몽환적인 느낌을 경험할 수 있다.

옥정호를 대표하는 또 다른 키워드는 구절초다. 호수의 서쪽 끝자락 추령천이 감아 도는 산자락에는 구절초테마공원이 조성되어 있다. 이곳에는 9~10월이면 흰색 꽃망울을 가진 구절초가 만발한다. 물안개 사이로 스며드는 햇살을 받으며 모습을 드러내는 순백의 구절초 꽃밭은 환상적인 분위기를 연출한다.

① 옥정호자전거길의 출발점 섬진강댐. ② 차량 통행이 드문 옥정호 주변 도로. ③ 옥정호자전거길에 있는 작은 터널. 차량 통행이 적어 어렵지 않게 지날 수 있다. ④ 옥정호를 따라 난 도로를 달리는 라이더.

① 국사봉전망대에서 바라본 붕어섬. 옥정호에 있는 섬이 영락없이 붕어 모습이다.
② 옥정호자전거길 종주 코스 종착점 임실시외버스터미널. ③ 회전 교차로가 설치된 산내사거리.

　　자전거 여행을 하다 보면 인증샷 찍을 명승지나 랜드마크를 찾는다. 그러나 옥
정호에서는 그런 고민을 할 필요가 없다. 코스 중간에 누구나 인정하는 명소가 기다
리고 있다. 옥정호 북쪽 끝자락에 자리한 붕어섬이다. 붕어섬을 제대로 보려면 국사
봉 전망대로 가야 한다. 전망데크에서 보는 붕어섬은 이론의 여지없이 붕어의 모습
을 빼닮았다. 그것도 긴 꼬리지느러미를 힘차게 흔들며 헤엄쳐 나가는 모습이다. 살
아 있는 듯한 붕어섬의 모습을 보는 것만으로도 이곳까지 먼 길을 찾아 달렸던 모
든 수고로움이 보상되고 남는다.

　　옥정호는 댐이 있어 섬진강자전거길과 분리됐다. 그러나 섬진강 상류까지 연
장해 종주한다면 이곳도 빼놓지 말자. 섬진강 종주가 아니라도 한 번쯤 달려볼 만
한 충분한 가치가 있다. 가능하면 구절초가 만개하는 가을에 찾으면 더욱 좋겠다.

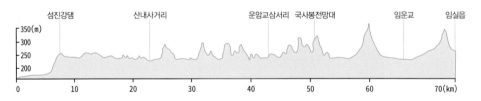

코스 접근

IN : 섬진강댐인증센터에서 가장 가까운 버스터미널은 전북 임실군 강진면에 있는 강진공용버스터미널이다. 목적지를 강진으로 검색하면 주로 전남 강진군이 나오는데, 혼동하지 말자. 강진터미널까지는 서울센트럴시티터미널에서 금, 토, 일 5회(평일 3회) 고속버스가 운행한다. 소요시간은 3시간, 요금은 1만 7,800원이다. 첫차는 09:30에 있다. 다른 지역에서 강진터미널로 갈 때는 전주를 거쳐 가는 게 편리하다. 전주터미널에서 강진터미널로 가는 버스는 30분~1시간 간격(첫차 07:00)으로 운행된다.

OUT : 임실시외버스터미널에서 서울남부터미널로 버스가 운행한다. 남부터미널행은 1일 15회(막차 20:00) 운행한다. 소요시간은 3시간 30분, 요금은 1만9,300원이다.

코스 가이드

옥정호 자전거 코스는 종주할 수도 있고, 왕복할 수도 있다. 왕복 시에는 강진공용버스터미널을 시점으로 시계 방향으로 라이딩해 출발지로 돌아온다. 종주는 강진공용터미널을 시점, 임실읍을 종점으로 한다다. 이 책에서는 종주코스로 안내한다.

섬진강댐인증센터가 있는 회문삼거리에서 섬진강 종주 코스 반대방향으로 주행한다. '태산로'를 따라 오르면 섬진강댐 정상에 도착한다. 이곳부터 호수를 오른쪽에 끼고 달린다. 섬진강댐인증센터에서 17km 달리면 산내교 남단에 도착한다. 옥정호를 종주하려면 다리를 건너 산내사거리에서 우회전한다. 옥정호 구절초 테마공원에 들렀다 가려면 다리를 건너지 말고 좌측 샛길로 진입한다 이 길을 따라 구절초테마공원을 한 바퀴 돌면 산내사거리에 도착한다.

산내사거리를 지나면 청정로로 불리는 715번 지방도를 따라간다. 그러나 무작정 이 길만 따라가면 안 된다. 중간중간 지방도로에서 빠져 호숫가로 난 길을 찾아 가야 옥정호와 가깝게 라이딩을 즐길 수 있다. 예덕삼거리에서 우측 산내로로 접어들면 도로는 호수로 붙었다가 다시 715번 지방도로 되돌아 온다. 마찬가지로 상두마을 입구에서도 두월상두길로 우회전해야 운암매운탕거리까지 호반 라이딩을 즐길 수 있다. 운암매운탕거리부터는 749번 지방도를 따라간다. 국사봉 전망대에서 붕어섬을 조망한 뒤에 다시 운암면까지 이동한다. 운암면에서 신평면을 넘어가는 오르막을 통과한 다음 745번 지방도를 따라 가면 학암리 지나 임실읍으로 진입한다.

난이도

총 상승고도는 1,000m가 넘게 나온다. 옥정호 코스 최대 업힐은 운암면에서 신평면을 넘어가는 구간이다. 이외에도 라이딩 내내 크고 작은 오르막길과 만난다. 공도 주행 경험은 물론, 어느 정도의 오르막은 돌파할 수 있는 기술과 체력을 필요로 한다. 중급자 이상에게 추천한다.

주의구간

전 구간 공도를 주행한다. 코스 안내표지가 없지만 길을 찾아가는 데 큰 어려움은 없다. 인적이 드문 지역이라 차량으로 인한 스트레스는 거의 없다. 중간에 터널도 통과하지만 길이가 짧고, 차량도 거의 없어 크게 부담스럽지 않다. 다만, 업다운 구간이 많아 제동장치를 미리 점검하고 출발하는 것이 좋다.

보급 및 음식

옥정호는 인적이 드문 곳이라 보급과 식사 계획을 잘 짜서 움직여야 한다. 출발지인 강진면과 도착지인 임실읍을 제외하면 식사할만한 곳이 마땅치 않다. 따라서 강진면에서 식사를 해결하고 출발하는 것이 좋다. 터미널 뒤쪽 강진시장에 국수로 유명한 행운집이 있다. 하지만 70km가 넘는 거리를 달리기에는 열량섭취가 좀 부족하다. 터미널에서 조금 떨어진 곳에 있는 **천담집**(☎ 063-643-1068, 전북 임실군 강진면 강동로 1330)은 추어탕(1만원)과 다슬기탕(1만원)을 잘한다. 이곳에서 든든하게 속을 채우고 출발하면 좋다. 코스 중간에는 운암교 북단 운암삼거리와 최대 업힐이 시작되는 운암 면소재지에 마트가 있어 보급받을 수 있다. 보급지점이 많지 않아 보급지를 만나면 그냥 지나치지 말고 식수와 간식을 보충하는 것이 좋다.

천담집 추어탕.

03

−자전거 여행 바이블−

영산강
자전거길

영산강자전거길 PREVIEW

영산강자전거길은 담양 담양댐에서 시작해 목포 영산강하구둑까지 이어진다. 4대강 치수사업이 시행되면서 금강, 낙동강과 함께 가장 먼저 자전거길이 개통됐다. 4대강 자전거길 중에서는 상대적으로 코스가 가장 짧다.

영산강자전거길은 길이는 짧지만 호남에서의 존재감은 결코 가볍지 않다. 전남의 대표적인 도시 광주, 나주, 목포를 지나가기 때문이다. '삼백리 호남의 젖줄'이라는 수식어가 결코 허투로만 들리지 않는다. 그러나 자전거길에서 보이는 풍광은 다른 지역 자전거길과 별 차이가 없다. 잘 정돈된 고수부지와 자전거길에서는 호남 특유의 정취를 느낄 수 없다. 이웃한 섬진강자전거길과는 사뭇 다른 모습이다. 대신 이곳에서는 중간에 경유하는 도시를 잘 살펴봐야 한다. 과거 전남의 중심이었던 나주와 대나무의 고향 담양에서는 특색 있는 풍광과 문화재, 그리고 먹거리가 여행자를 기다리고 있다. 라이딩 거리가 짧은 것은 나주와 담양을 잘 돌아보라는 배려가 된다.

영산강자전거길의 공식 길이는 133km다. 하지만 목포터미널에서 영산강하구둑인증센터로 가는 거리와 중간에 경유하는 도시를 들고나는 거리를 합하면 총 주행거리는 대략 150km에 달한다. 자전거길은 전남의 도시를 지나가며 담양으로 연결된다. 영산강자전거길 종주 인증 구간은 담양댐에서 종료된다. 하지만 번외의 코스가 담양댐에서 시작된다. 바로 담양호자전거길이다. 이 길은 내장산을 관통해서 정읍까지 연결된다. 이 코스까지 이어 달리면 전체 라이딩 거리는 230km로 늘어난다. 물론, 담양호자전거길 대신 연결 자전거길을 따라 가 섬진강자전거길을 이어서 종주할 수도 있다.

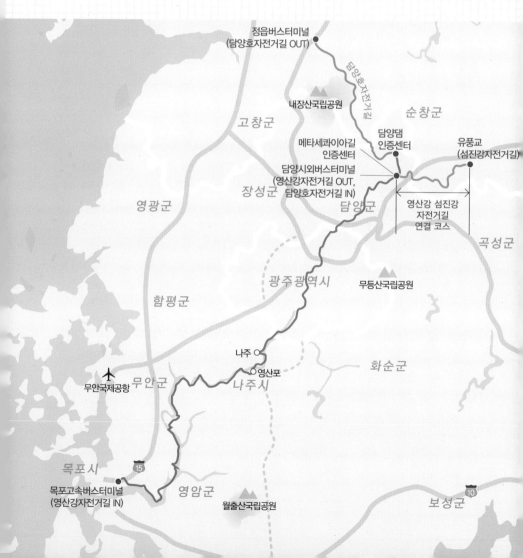

코스 개관

◆ 자전거길 총 길이 133km ◆ 총 상승고도 467m ◆ 종주 소요기간 2일
◆ 1일 평균 주행거리 75km ◆ 1일 평균 상승고도 233m
◆ 영산강자전거길 구간인증자 58,631명

코스 난이도

4대강 자전거길 중에서 가장 짧고, 난이도 역시 가장 낮다. 일일 평균 상승고도는 233m, 평균 주행거리는 75km다. 북한강자전거길(거리 78km, 상승고도 238m)과 거의 비슷하다. 자전거길에 큰 오르막은 없다. 짧은 오르막 구간을 몇 번 통과하는 것이 전부다. 상류와 하류로 구간을 나눠 비교하면 섬진강과 달리 상류쪽 코스가 좀 더 평탄하다.

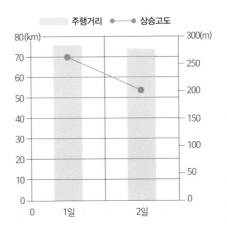

종주 계획 세우기

영산강하구둑인증센터에서 담양댐인증센터까지 거리는 133km다. 여기에 목포터미널에서 하구둑까지 진입하는 거리 4km, 담양댐 찍고 다시 담양터미널까지 되돌아오는 추가 라이딩 10km를 더해야 한다. 만약 나주 도심을 들고난다면 7km를 더 달려야 한다. 이렇게 하면 총 151km가 된다. 하루 라이딩 거리를 80km로 잡으면 2일이 소요된다. 만약 담양댐에서 라이딩을 종료하지 않고, 담양호자전거길을 따라 정읍까지 계속 간다면 76km를 더해야 한다. 이렇게 하면 총 주행거리는 227km가 된다. 여유롭게 라이딩을 즐기면 기간은 2박3일 일정이 된다. 만약 1박2일에 영산강자전거길과 담양호자전거길 종주를 한 번에 마치려면 숙소를 나주가 아닌 광주로 잡는 게 좋다. 그래야 종주를 마친 후 귀가하는 차편에 여유가 있다. 이렇게 되면 하루에 100km 이상 빠듯하게 달려야 한다.

종주 방향 정하기

섬진강자전거길과 달리 영산강자전거길은 종주 방향에 딱히 정해진 법칙이 없다. 바람의 영향이 없다면 어느 쪽으로 방향을 잡아도 각자 장단점이 존재한다. 상류에서 하류로 내려온다면 고저차에 의해서 총 상승고도가 줄어드는 약간의 이득(60m)을 볼 수 있다. 차편은 하류 목포로 가는 차편이 월등히 많다. 상류 담양으로

고려 항목	가중치
경관	중간
고도차	중간
차편	중간
바람	중간

① 영산강자전거길 목포 구간 안내도. ② 목포시 25호광장 사거리에 설치되어 있는 자전거 통행 육교.
③ 영산강하구둑인증센터.

가는 차편은 제한적이다. 차편만 놓고 보면 목포가 들고나가기에 더 편리하다. 서울에서 목포는 3시간 50분, 담양은 3시간 45분 걸린다. 시간은 어느 쪽으로 가나 비슷하다. 경관과 스토리텔링 관점에서 보면, 강을 거슬러 올라가는 것은 과거 서해바다에서 홍어를 싣고 영산포로 향하던 뱃길을 따라가는 감흥을 맛볼 수 있겠다. 담양호자전거길을 이어 달리거나 연결도로를 타고 섬진강으로 건너갈 생각이라면 종주 방향은 무조건 남에서 북으로 올라가야 한다.

코스 IN/OUT

하류에서 상류로 올라간다면 목포고속버스터미널 IN, 담양시외버스터미널 OUT이 된다. 만약 담양에서 서울행 막차를 놓쳤을 경우에는 플랜B는 광주로 이동한다. 담양에서 시외버스를 타도 되고, 영산강자전거길을 따라 왔던 길을 되짚어 내려가도 된다. 담양에서 광주고속버스터미널까지는 자전거길로 27km다. 담양호자전거길까지 이어 달린다면 정읍버스터미널에서 OUT하게 된다.

숙소와 보급

목포, 나주, 광주, 담양 같은 도심지역을 관통하게 되어 숙소와 보급에 큰 무리가 없어 보인다. 그러나 그렇지 않다. 목포에서 영산포까지는 낙동강자전거길 달성–부곡 구간이 떠오를 정도로 무인지경이다. 식사는 커녕 보급받을 곳조차 마땅치 않다. 따라서 목포에서 식사를 든든히 하고 출발한다. 간식이나 물도 충분히 챙겨서 떠난다. 숙박과 아침은 나주, 점심은 담양처럼 거점도시를 활용해서 숙박과 식사 계획을 세운다. 자전거길은 대도시 광주를 관통한다. 하지만 광주에서 보급과 식사를 해결하려면 자전거길에서 벗어나 도심으로 들고나야해서 번거롭다.

이제는 추억으로만 남은 영산포 뱃길을 따라서

영산강 종주1
(영산강하구둑~나주)

목포시·영암군·나주시

>> >> 목포에서 영산강을 따라 올라간다. 나주까지는 드넓은 평야 사이로 흘러가는 영산강을 따라 간다. 코스의 난이도는 무난하지만 주변에 인가도, 보급할 곳도 없는 의외로 황량한 구간이다. 목포를 벗어나 나주로 들어가려면 길을 잘 찾아 가야 한다. 나주의 음식, 그 중에서도 영산포의 홍어는 강렬한 인상을 남긴다. 첫날은 무리하지 말고 나주의 별미를 즐기며 쉬어가자.

난이도	60점
코스 주행거리	76km(상)
상승 고도	268m(하)
최대 경사도	10% 이하(중)
칼로리 소모량	2,504kcal

접근성　**339**km 대중교통 가능

├─────── 고속버스 339km ───────┤

강남고속버스터미널　　　　　　　　　목포종합버스터미널

소요시간　**9**시간 **45**시간 1박2일 추천

가는 길	코스 주행
버스 4시간	5시간 45분

목포시내를 흐르는 삼향천자전거길, 이 길을 따라 내려가면 영산강자전거길과 만난다.

영산강자전거길은 영산강하구둑에서 담양댐까지 133km 거리의 종주코스다. 종주인증 제가 시행되는 자전거길로 7곳의 인증센터와 2곳의 보를 지나가게 된다. 영산강자전거길은 영산강을 따라 전남을 동에서 서로 가로지르며 중간에 나주와 광주를 지나간다. 1박2일 일 정으로 여행할 때는 코스 중간지점인 나주나 광주에서 하룻밤을 묵어가야 한다. 특히, 자전 거길이 지나는 나주와 광주는 특별한 먹을거리가 많아 라이딩뿐만 아니라 맛난 음식을 덤으 로 즐기는 호사를 누릴 수 있다.

영산강자전거길의 출발지는 목포와 담양 어느 곳을 정해도 상관없다. 다만, 고속버스를 이용할 경우 담양보다 목포가 훨씬 차편이 많아 편리하다. 만약 목포에서 출발한다면 영산 강하구둑에서 약 56km 떨어져 있는 죽산보까지 식사나 보급을 해결할 만한 곳이 없다. 따 라서 출발 전에 식수나 간식을 넉넉하게 챙겨가는 것이 필요하다.

새벽부터 서둘러도 목포고속버스터미널에 도착하면 이미 점심 무렵이다. 항상 그렇듯이 낯선 도시에 처음 도착하면 방향감각을 잃어버리게 된다. 영산강자전거길 시발점인 영산강 하구둑을 찾아가면서 몇 번이나 멈춰 서서 길을 물어보게 된다. 그러나 영산강하구둑에서 자전거길을 따라 달리면 다른 종주코스와 비슷한 익숙한 풍경이 펼쳐진다. 4대강 사업으로 하천 정리가 완료된 강의 모습은 어느 곳이나 비슷비슷하다.

인적조차 드문 자전거길을 따라 영산강 상류를 향해서 계속 올라간다. 느러지전망대에 가까워지자 처음으로 업힐 구간이 나온다. 이전까지는 평탄한 평지다. 그러나 업힐 구간은 그렇게 길지는 않다. 정상 부근의 전망대에 다다르면 영산강 건너편으로 한반도 모양의 지형, '느러지'가 보인다. 전망대를 지나 나주영상파크 옆 수변공원을 통과하면 두번째 인증소가 있는 죽산보에 도착한다. 이곳이 영산강하구둑을 출발한 뒤 식수를 보급할 수 있는 거의 유일한 곳이다. 음식 하면 빠지지 않는 남도지만 이 구간만은 예외인 듯 하다. 수변공원은 봄이면 유채꽃이 만발해 화사하게 빛난다.

수변공원을 지나 1시간쯤 더 달리면 마침내 나주시내에 진입한다. 나주 영산포는 홍어의 고향이다. 홍어는 본래 흑산도에 많이 잡히지만 뱃길로 영산강을 거슬러 와 이곳 영산포에서 팔려나갔다. 영산강 뱃길은 하구둑을 만들면서 끊겼지만 홍어맛은 지금도 여전하다. 홍어와 삶은 돼지고기, 그리고 묵은 김치가 만나 절묘한 맛을 선사하는 홍어삼합에 막걸리를 걸치고 싶은 마음이 간절하다.

① 영산강자전거길 시발점인 영산강하구둑. ② 무인인증소에서 바라본 느러지전망대. ③ 두번째 인증소가 있는 죽산보.

코스 내비게이션

목포에서 영산강자전거길 찾아가기

목포버스터미널에 출발하면 먼저 삼향천을 찾아간다. 삼향천의 자전거도로를 타고 남하하다 보면 통일대로와 만나게 되는데, 이때 맞은편에 목포지방해양항만청이 보인다. 여기서 횡단보도를 건너간 후 좌회전해서 100m정도 이동하면 보행자 육교가 나타난다. 이곳을 건너가면 영산강자전거길의 시발점과 만나게 된다.

코스 접근

강남고속버스터미널에서 목포종합버스터미널까지 수시로 차편이 운행된다. 요금은 성인 2만5,900원. 소요시간은 4시간이다. 동서울버스터미널에서 하루 2회 목포행 버스가 운행된다. 요금은 3만8,000원, 4시간 30분 소요된다.

코스 가이드

목포에서 나주까지 영산강자전거길을 따라가는 것은 어렵지 않다. 다만, 목포시내에서 영산강자전거길까지 가는 구간과 영산강자전거길에서 나주시내로 들어가는 길이 조금 헷갈린다. 특히, 나주 영산포에서 자전거길만 따라가면 나주를 벗어나버린다. 이 두 곳만 조심하면 된다. (코스 내비게이션 참조)

난이도

느러지전망대가 이 구간에서 유일한 업힐이다. 길이는 1.5km, 경사도는 10% 이하다. 이곳을 제외하면 오르막 구간은 거의 없다. 코스 자체보다는 자전거길 주변에 중간 보급할 곳이 없는 것이 이 구간을 라이딩하는데 가장 큰 애로사항이다.

보급 및 식사

나주를 대표하는 음식은 홍어회와 곰탕이다. 나주는 과거 영산강을 따라 고깃배가 드나들던 영산포를 중심으로 다양한 음식이 발전했는데, 그 중에서도 홍어요리가 대표적이다. 이곳에서는 홍어회는 기본이고, 튀김, 전, 찜, 홍어애보릿국까지 코스요리를 내놓는다. 원조 홍어 맛을 맛볼 수 있다. 영산포 홍어의 거리에는 홍어일번지(☎ 061-332-7444)를 비롯한 홍어전문점이 많다. 곰탕은 나주를 대표하는 또 다른 음식이다. 여러 가지 부위별 고기를 맑은 국물에 담아 내는데 담백한 맛이 일품이다. 금남동 곰탕거리에 노안집(☎ 061-333-2053)을 비롯한 곰탕집들이 모여 있다. 곰탕 1만1,000원.

숙소

나주목사의 사택이었던 **나주목사내아**(☎ 061-332-6565, moksanaea.naju.go.kr)가 일반인들에게 한옥체험공간으로 제공되고 있다. 고택에서의 한옥체험은 색다른 경험이며, 저녁시간 대청마루에서 내려다보는 안마당의 모습도 정감있다. 금성문 바로 옆에 위치하며 인근 곰탕골목과도 가깝다. 이곳 이외에 **하이스파**(☎ 061-336-0000)도 추천할 만하다.

홍어회

영산강자전거길에서 나주시내로 들어가기

영산강자전거길은 나주 시가지를 거치지 않는다. 나주대교를 지나가기 전에 강변도로를 건넌 후 U턴하듯이 연결된 농로를 따라가 시내로 가야 한다. 여기서 계속 자전거길을 따라 주행하면 나주를 지나쳐버린다.

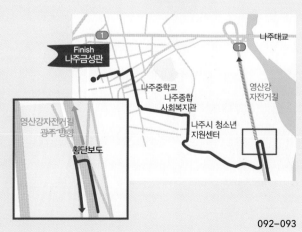

대나무골 지나 영산강 시원을 향해

영산강 종주2
(나주~광주~담양댐)

나주시·광주시·담양군

>> >> 나주에서 광주, 그리고 담양 초입까지 이어지는 코스는 풍경과 난이도 모두 평이하다. 광주 시내를 가로질러가지만, 보급도 마땅치 않고 광주의 정취도 느끼기 어렵다. 반면에 담양 외곽 대나무숲인증센터부터 메타세쿼이아길까지 이어지는 구간은 영산강자전거길에서 볼거리가 가장 많다. 입맛 당기는 먹을거리도 빼놓으면 섭섭하다.

난이도　60점

코스 주행거리	74km(상)
상승 고도	199m(하)
최대 경사도	5% 이하(하)
칼로리 소모량	2,225kcal

누적 주행거리　150km

← 1일차 75km →	← 2일차 74km →
목포버스터미널	나주	담양버스터미널

누적 소요시간　19시간 31분 1박2일 추천

가는 길	1일차 코스주행	2일차 코스주행	오는 길
버스 4시간	5시간 45분	6시간 6분	버스 3시간 40분

나주에서 담양까지는 약 52km거리로 비교적 짧은 구간이다. 그러나 담양댐인증센터가 시내에서 10km 떨어진 외곽에 위치한 까닭에 종주인증을 받기 위해서는 추가로 왕복 20km를 더 달려서 결국 70km 이상을 주행하게 된다. 담양은 죽녹원, 관방제림, 메타세쿼이아 가로수길 등 볼만한 관광지와 사진 찍기 좋은 곳들이 많다. 주행거리에 비해서 넉넉하게 시간을 잡고 출발하는 것이 좋다. 더구나 버스를 이용해서 귀경길에 오를 거라면 일찍 끊기는 막차시간도 염두에 둬야 한다. 이래저래 시간관리를 잘해야 하는 구간이다.

영산강자전거길 종주 2일차. 나주시내에서 다시 자전거길로 돌아와 첫번째로 만나는 구조물은 승촌보다. 이곳부터 광주광역시 경계 안으로 들어간다. 대도시와 가까워서 일까. 한적했던 목포~나주 구간과 달리 자전거길을 따라 라이딩을 즐기는 사람들을 어렵지 않게 만날 수 있다. 자전거길에서 보이는 스카이 라인이 복잡한 것을 보며 광주시내로 접어들었다는 것을 짐작할 수 있다. 광주 구간의 강변을 따라 지은 아파트 단지를 벗어나 다시 외곽으로 나가자 인적이 끊기면서 자전거길은 다시 한적해진다. 호남고속도로와 고창담양고속도로를 가로질러가면 대나무숲인증센터에 닿는다. 이 구간에는 자전거길을 따라 대숲을 조성해놨다.

대나무숲인증센터를 지나 영산강으로 합류되는 하천으로 들어갔다 돌아 나오기를 두어 차례 반복하면 어느새 좁아진 영산강을 따라 담양시내로 들어선다. 제일 먼저 눈에 띈 곳은 강변을 따라 자리한 국수집들이다. 국수 거리를 지나자 천연기념물 366호로 지정된 약 2km 거리의 관방제림과 만난다. 이곳은 조선시대 홍수피해를 막기 위해 제방을 쌓고 나무를 심은 곳이다.

수령이 수백년 된 나무들이 줄 지어 선 제방길을 따라 달리는 기분은 아주 특별하다. 아쉬운 것은 담양 시내에 있는 주요 관광지들이 영산강자전거길에서 조금씩 벗어나 있다는 것이다. 사실 관방제림도 영산강자전거길에서 조금 벗어나 있다. 메타세쿼이아인증센터도 종주여행자 입장에서는 상당히 쌩뚱맞은 곳에 위치하고 있다. 따라 관광지를 돌아보려면 종주코스와는 별도로 길을 잘 찾아 다녀야 한다(코스 내비게이션 참조).

① 담양군 외곽지역의 영산강자전거길.
② 영산강 승촌보. 이곳에서 강을 건너 광주시내로 진입한다.

① 관방제림길 라이딩. 영산강 자전거길은 강 건너편으로 안내된다. ② 대나무숲인증센터 인근의 대나무길. ③ 자전거는 진입할 수 없는 메타세쿼이아 가로수길. ④ 영산강자전거길의 종점 담양댐인증센터.

영산강자전거길을 찾는 자전거여행자들은 하나같이 메타세쿼이아 가로수길을 라이딩하는 상상을 한다. 하늘로 쭉쭉 솟은 메타세쿼이아가 만든 싱그러운 터널을 달리는 일은 상상만으로 즐겁다. 그러나 결론부터 말하자면 자전거는 주행불가다. 학동교차로에서부터 금월교차로에 이르는 약 2km 메타세쿼이아 가로수길에는 자전거 진입이 금지되었다. 가로수길이 끝나는 길에 인증센터가 있는데, 이곳은 종주인증 도장을 찍기 위해 일부러 다리를 건너 갔다 와야 한다.

영산강자전거길의 종점은 담양댐이다. 담양시내부터 담양댐인증센터까지의 자전거길은 인근 주민들이 산책로로도 활용되는데, 푹신한 아스콘으로 포장해놓은 구간이 있어 주행이 여의치 않다. 종주인증을 받으려면 어쩔 수 없이 달려야 하는데, 아쉬운 점은 담양에서 버스를 타고 돌아가려면 다시 이 길을 내려와야 한다는 것이다.

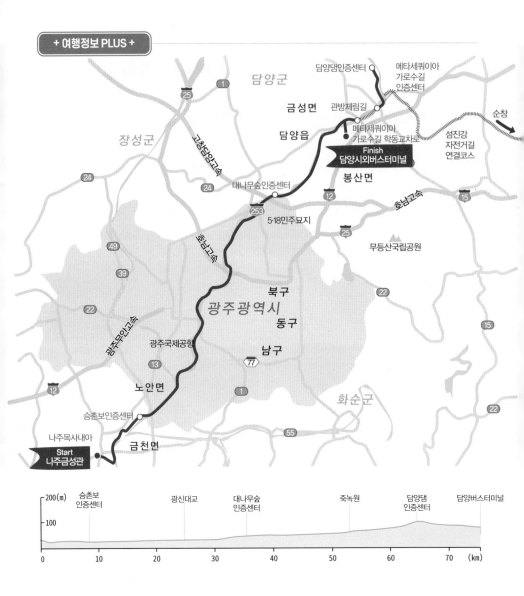

코스 가이드

나주에서 출발해 승촌보를 지나 광주광역시를 통과해서 담양댐까지 이어지는 코스이다. 코스를 따라가는 것은 전혀 무리가 없다. 다만, 메타세쿼이아 가로수길인증센터를 찾아가는 것이 헷갈린다. 코스네비게이션 참조.

코스 아웃

담양에서 서울까지 고속버스가 운행된다. 요금은 일반버스 2만3,400원이며, 약 3시간 50분 소요된다. 이 노선은 하루에 6회 운행되고, 막차가 오후 5시 10분에 있다. 시간이 여의치 않으면 광주로 가서 서울로 오는 차편을 이용해도 된다. 광주에서 서울로 가는 버스는 수시로 운행된다. 담양~광주는 30분 간격으로 직행버스가 운행되며, 요금은 3,100원이다. 담양시외버스터미널(☎ 061-381-3233)

난이도

나주부터 담양댐인증센터까지는 오르막 경사다. 그러

나 메타세쿼이아가로수길인증센터~담양댐을 제외한 나머지 구간은 경사도가 아주 완만해 오르막이란 사실을 거의 느끼지 못할 수준이다.

보급 및 식사

자전거길을 따라 담양시내로 진입하면 죽녹원 맞은편에 국수 거리가 있다. 모두들 같은 가격에 비슷한 메뉴를 내놓는다. **진우네국수**(☎ 061-381-5344, 담양군 담양읍 객사리 211-34)는 국물이 진한 멸치국수(5,000원)와 매콤한 비빔국수(5,000원)가 일품이다. 대나무의 고장답게 담양은 대나무막걸리가 있다. 목 넘김과 입안에서 감기는 맛이 괜찮다. 거의 모든 음식점에서 판매한다.

여행정보

담양시내에 있는 **죽녹원**(☎ 061-380-2680, www.juknkwon.go.kr)은 대숲을 거닐어볼 수 있는 공원이다. 숲에는 여러 갈래의 산책로가 있는데, 한 바퀴 돌아보는 데 1시간 정도 소요된다. 이밖에 대나무분재전시관과 한옥체험장도 있다. 입장료 3,000원. 메타세쿼이아 가로수길은 걸어서만 돌아볼 수 있다. 입장료는 1,000원.

코스 내비게이션

관방제림

국수거리에서 벗어나면 향교교를 만나게 된다. 영산강자전거길은 향교교를 건너 강변을 따라가게 안내되어 있다. 그러나 관방제림은 다리를 건너지 않고 직진한다. 약 2km 주행 후 메타세쿼이아 가로수길이 시작되는 학동사거리에 도착하게 된다. 이곳에서 학동교를 건너가면 다시 종주코스와 만난다.

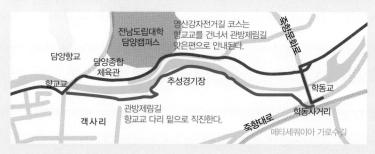

메타세쿼이아가로수길인증센터

담양 시내에서 담양댐 방면으로 가다 금월교를 만나면 다리를 건너가 인증센터에서 인증을 받고 다리를 다시 건너와야 한다. 금월교차로에는 영산강자전거길과 섬진강자전거길 연결 구간이 시작된다. 이 길을 따라가면 순창군 풍산면 두승리 유풍교에서 섬진강자전거길과 만난다.

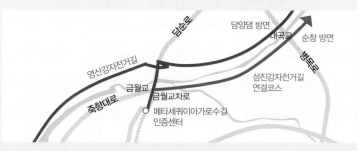

영산강자전거길과 섬진강자전거길 연결 코스

난이도   30점

코스 주행거리	26Km(하)
상승 고도	96m(하)
최대 경사도	10%이하(중)
칼로리 소모량	423kcal

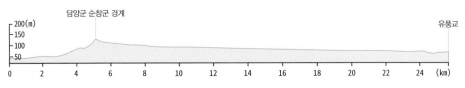

영산강자전거길과 섬진강자전거길을 이어주는 자전거길이다. 국토종주에 나선 자전거 여행자 가운데 상당수가 영산강과 섬진강자전거길을 이어서 종주하는 경우가 많다. 그 이유는 두 자전거길의 거리가 멀지 않고, 수도권에서 보면 거리가 먼 곳이라 한 번 걸음에 두 길을 다 종주를 하려는 마음에서다. 이들을 배려하기 위해 두 자전거길을 연결하는 자전거길을 조성했다.

연결 자전거길은 영산강자전거길 메타세쿼이아인증센터와 섬진강자전거길 유풍교를 연결하며, 길이는 약 26km다. 메타세쿼이아인증센터는 담양댐에서 하류 방면 5km 지점, 유풍교는 섬진강댐인증센터에서 하류로 35km 부근에 있다. 연결 자전거길은 농로와 하천에 있던 길을 이용해 조성했으며 대나무골테마공원을 지나 담양군에서 순창군으로 넘어간다. 메타세쿼이아인증센터를 출발해 5km 가면 담양군과 순창군 경계다. 이곳은 약 1km의 업힐 구간이 있다. 군 경계를 지나면 평지 구간이 끝까지 이어진다. 난이도는 거의 없다. 소요시간은 1시간 10분 정도다. 중간에 숙식이나 보급을 받을만한 곳은 전혀 없다. 다만, 국토종주자전거길과 같은 형태의 표지판과 도로표시가 되어 있어 코스를 따라가는 데는 무리가 없다.

추령 넘어 단풍 불타는 내장산의 품으로!

담양호자전거길 | 담양군·정읍시

>> >> 영산강자전거길은 담양댐인증센터에서 끝난다. 그러나 여기가 끝이 아니다. 담양댐에서 정읍으로 가는 자전거길을 마저 달려야 대미를 장식한다. 가을이 아름다운 추월산과 내장산을 넘어 정읍천자전거길을 따라 정읍까지 달리는 길은 영산강자전거길 종주를 넘는 또다른 성취감을 준다. 특히, 추령고개 넘으면 시작되는 내장산 다운힐이 이 코스의 백미다.

난이도	60점	코스 주행거리	50km(중)
		상승 고도	438m(중)
		최대 경사도	10% 이하(중)
		칼로리 소모량	1,138kcal

코스접근성 대중교통 가능	295km	고속버스 295km 강남고속터미널 ○────────────○ 담양버스터미널		

소요시간 당일 가능	10시간 30분	가는 길 버스 3시간 30분	코스 주행 4시간 10분	오는 길 버스 2시간 50분

하늘에서 내려다본 담양댐.

담양 가마골 용소에서 시작하는 영산강은 호남평야를 적시며 흘러 목포 영산강 하구둑에서 바다와 만난다. 담양은 영산강자전거길 145km의 시점이자 종점이다. 그러나 조금만 더 관심을 갖고 보면 아주 멋진 자전거길이 기다리고 있다. 담양호에서 추월산과 내장산을 넘어 정읍으로 가는 코스다. 이 길의 이름이 담양호자전거길이다. 코스 명칭은 담양호자전거길이지만 담양호를 한 바퀴 도는 순환코스가 아니다. 이웃한 정읍으로 넘어가는 종주 코스다. 이름에는 담양호에 방점이 찍혀 있지만 자전거길은 정읍 구간이 더 길다. 따라서 이 길은 담양–정읍 종주 코스로 부르는 것이 더 직관적일 것 같다.

담양호자전거길의 거리는 50km 정도다. 거리는 중거리 코스지만 길이에 비해 꽤 다양한 구간을 통과하는 게 매력이다. 담양에서 출발하면 담양호와 추월산, 내장산, 그리고 정읍천을 거쳐 정읍시에 도착한다. 산과 호수, 그리고 강으로 난 길을 한 번에 달리는 셈이다. 이 코스를 더욱 특별하게 하는 것은 단풍 명산 내장산이다. 담양호자전거길은 추령을 넘어 내장산국립공원 서쪽을 관통하는 추령로를 따라 간다. 국립공원 속살을 파고드는 경관도로를 시원스럽게 달린다. 호남의 명산 내장산을 통과하는 데도 불구하고 상승고도가 그리 높지 않은 것도 매력이다. 지리산국립공원을 관통하는 오도재나 성삼재는 상승고도가 1,000m를 훌쩍 넘는 긴 오르막과 사투를 벌여야 하지만, 이곳에서는 그 노력의 반절도 필요하지 않다. 들인 노력에 비해서 꽤나 호사를 누린다.

담양호자전거길 출발은 담양에서 정읍 방향으로 하는 게 좋다. 힘들고 재미없는 오르막을 먼저 오른 다음 내장산에서 신나는 다운힐을 즐길 수 있기 때문이다. 내장산 다운힐은 9km쯤 된다. 내장산의 웅장한 산세를 감상하며 페달링 한 번 없이 신나게 내려가니, 호사도 이런 호사가 없다. 그때가 단풍이 불타는 가을이라면 기쁨은 두 배가 될 것이다.

내장산국립공원을 통과하면 정읍천자전거길로 이어진다. 이곳 역시 무인지경의 자전거도로라서 안전하게 정읍시내로 이동할 수 있다. 담양호자전거길은 코스가 비교적 짧은 편이라 시간 관리도 용이하다. 영산강자전거길 종주에 급해 그냥 지나쳤을 메타세쿼이아 가로수길과 죽녹원, 관방제림 등 담양의 명소를 돌아본 후 라이딩에 나설 수 있다. 그때가 단풍이 물드는 가을이면 더욱 좋다

① 담양읍 제방을 따라 자리한 국수거리. ② 담양의 여행 명소 메타세쿼이아 가로수길.
③ 울창한 죽녹원의 대숲을 거니는 여행자들.

코스 접근

IN : 서울 센트럴시티터미널에서 담양터미널로 하루 4회 고속버스가 운행한다. 첫차는 08:10에 있다. 소요 시간은 3시간 50분, 요금은 우등버스 3만500원이다. 서울에서 담양으로 가는 버스 시간이 여의치 않다면 광주를 경유한다. 광주고속버스터미널에서 담양까지는 영산강자전거길을 따라 27km 거리다. 목포에서 담양으로 영산강자전거길을 한 번에 종주하는 여정이라면 광주나 담양에서 숙박한 뒤 다음날 담양호자전거길을 달리면 된다.

OUT : 정읍버스터미널에서 강남고속터미널로 가는 버스는 하루 10회 운행한다(막차 20:00). 소요시간은 2시간 50분, 요금은 우등버스 2만4,300원이다. 동서 울행 직행 시외버스는 현재 운행되고 있지 않다. 서울역에서 정읍역으로 KTX가 운행되지만 자전거 거치대가 설치되어 있지 않다. 자전거 앞바퀴 분리 후 캐링백에 넣어야 휴대 탑승이 가능하다.

코스 가이드

담양버스터미널을 출발해 죽녹원까지 간다. 관방제림 건너편 영산강자전거길 북측 도로를 따라 간다. 담양 시내에서 담양댐인증센터까지는 약 9km 거리다. 이곳까지는 영산강자전거길 안내표지를 따라 간다. 시간 여유가 된다면 담양읍에서 죽녹원이나 관방제림, 메타세쿼이아 가로수길을 먼저 방문한 후 담양댐인증센터로 향한다.

담양댐인증센터 지나 금성산성길을 따라 800m 올라가면 담양댐 상단에 도착한다. 이곳부터 담양호를 오른쪽에 끼고 달린다. 2km 가면 29번 국도 추월산로와 만나는 삼거리다. 좌회전해서 1.7km 가면 용면 면소재지의 추성삼거리가 나온다.추성감거리에서 우회전해서 897번 지방도 추령로를 따라 간다. 추령로를 따라 가면 담양호자전거길 최대 오르막 구간인 추월산 밀재를 넘어간다. 내리막길 끝은 복흥면 소재지다. 여기서 계속 추령로를 따라 직진하면 49번 군도 백방로

하늘에서 내려다본 정읍천자전거길.

와 만나는 반월교차로에 닿는다. 여기서도 계속 추월로를 따라 직진하면 추령을 넘어간다.

추령을 넘으면 내장산을 가로지르는 내리막길로 진입한다. 내장산공용터미널과 내장야영장, 내장산저수지를 지나 내장산관광테마파크에 도착하면 정읍천자전거길과 만난다. 일반 도로가 아닌 테마파크 안쪽으로 들어와야 강변 자전거길로 진입할 수 있다. 정읍천자전거길을 따라 오다 죽림교 부근에서 빠져나와 터미널로 이동한다.

난이도

담양댐 지나 추월산을 넘어가는 밀재가 최대 업힐 구간이다. 완경사로 올라가다가 정상 3km 전부터 경사가 가팔라진다. 경사도는 10% 내외다. 밀재로 올라가는 상승고도는 438m나 된다. 밀재가 추령보다 더 높아 추령은 의외로 쉽게 넘어간다. 하지만 정읍에서 출발했다면 최대 업힐 구간은 추령이 된다. 담양호자전거길은 전 구간 포장도로를 이용한다. 안내표시는 따로 없다. 자전거전용도로 40%, 나머지는 공도를 주행한다.

주의구간

담양읍에서 담양댐까지, 내장산테마파크에서 정읍시내까지는 자전거 전용도로를 주행한다. 추월산을 넘는 밀재와 추령을 넘어 내장산으로 가는 구간은 일반 공도를 주행하지만, 차량 통행이 거의 없어 라이딩 하는데 부담 없다. 단, 추령을 넘은 다음부터 구불구불한 다운힐이 길게 이어지기 때문에 과속하지 말아야

① 담양댐에 있는 용 조형물. 영산강의 시원 용소의 전설을 모티브로 제작됐다. ② 내장산 추령을 오르는 라이더. ③ 정읍시를 관통하는 정읍천자전거길.

①② 쌍화차와 다과 상차림이 별미인 정읍 초모. ③ 독특한 비주얼의 오복짬뽕의 볶음짜장.

한다. 특히, 주변 경관을 감상하느라 전방 주시를 소홀히 하면 안 된다. 초반 4km 구간이 급경사를 이루며 내려가 특히 주의가 필요하다. 출발 전 브레이크 점검도 잊지 말자.

보급 및 식사

출발지인 담양과 도착지인 정읍을 제외하면 코스 중간에 보급이나 식사를 해결할 곳이 여의치 않다. 중간에 지나는 복흥 면소재지에 하나로마트가 있어 보급이 가능하다. 담양 맛집은 영산강자전거길2 참조. 라이딩을 마무리하는 정읍에서 간단하게 식사할 만한 맛집들이 있다. **오복짬뽕**(☎ 063-537-3455, 정읍시 연지3길 35)은 현지인들이 즐겨 찾는 중국집이다. 볶음짜장(9,000원)은 다른 지역에서 맛보기 힘든 독특한 비주얼과 맛을 자랑한다. 고기짬뽕과 탕수육도 맛있다. **보안식당**(☎ 063-535-6213, 정읍시 중앙로95)은 독특한 식감의 비빔쫄면(8,000원)으로 유명한 분식집이다. 정읍세무서 인근에는 쌍화차집들이 모여 있어 정읍쌍화차거리로 불린다. 그 중 **초모**(☎ 063-534-4606, 정읍시 중앙1길 167)는 쌍화차(9,000원)를 시키면 가래떡과 조청, 누룽지, 자몽차 같은 주전부리를 함께 준다. 인근에 볶음짬뽕으로 유명한 중국집도 있다.

여행정보

담양읍의 명소는 메타세쿼이아 가로수길, 관방제림, 죽녹원이다. 이 가운데 자전거로 들어가볼 수 있는 곳은 관방제림 밖에 없다. 그나마 영산강자전거길은 향교를 건너 강 북단으로 이동하도록 안내한다. 관방제림길로 진입하려면 다리를 건너지 말고 남쪽 강변길로 진입해야 한다. 이 구간은 보행자와 대여 자전거를 타는 사람들로 항상 복잡해 속도내기가 어렵다. 죽녹원은 담양의 명물 대나무숲과 가사문학의 산실인 담양의 정자문화를 체험할 수 있는 곳이다. 대나무 사이로 난 산책로와 정자, 미술관, 한옥체험장 등의 시설이 있다. 죽녹원 입장료는 3,000원이다. 자전거는 매표소 인근에 주차하고 도보로 이동해 둘러봐야 한다. 메타세쿼이아 가로수길은 자전거 통행은 물론, 자전거를 끌고 들어가는 것도 제지한다. 메타세쿼이아 가로수길인증센터에 주차해놓고 둘러본다. 메타세쿼이아 가로수길 입장료는 2,000원이다.

04

-자전거 여행 바이블-

금강
자전거길

금강은 전북 장수군에서 발원해 충청도를 두루 거친 후 전북 군산에서 서해바다와 만난다. 하천의 길이는 394km에 달한다. 하지만 금강자전거길은 금강 중류에 있는 대청댐부터 시작한다. 금강자전거길은 대전, 세종, 공주, 부여, 논산을 통과해 군산에서 종료된다.

금강자전거길을 관통하는 첫 번째 키워드는 백제다. 자전거길은 백제 웅진시대와 사비시대의 수도였던 공주와 부여를 차례로 거쳐간다. 현재의 행정수도에서 출발해 고대 천년 왕국 백제 흥망성쇠의 발자취를 따라가는 역사 탐방 루트다. 금강자전거길 대미를 장식하는 금강 하구에 도착하면 두가지 풍경과 마주한다. 하나는 세계적인 철새 도래지 금강호와 수만평 고수부지를 가득 채운 서천 신성리 갈대밭이다. 해질 무렵 금빛으로 물든 금강호에서 비상한 철새의 군무와 황금빛으로 반짝이는 갈대밭이 금강 종주 라이딩의 대미를 화려하게 장식한다.

여기에 한 가지 더 번외 코스로 새만금과 선유도를 덧붙일 수 있다. 금강자전거길은 군산에서 끝나지만, 군산에서 다시 기막히게 좋은 자전거길이 시작된다. 새만금방조제에 조성된 자전거길이 그것이다. 일직선으로 곧게 뻗은 자전거길을 거침없이 달려 선유도까지 가는 여정은 자전거 여행의 진정한 즐거움을 알려준다.

금강자전거길은 대청댐인증센터에서 시작해서 금강하구둑인증센터까지 146km다. 중간에 합강공원에서 오천자전거길과 만난다. 오천자전거길을 따라 가면 충북 괴산에서 새재자전거길과 만난다. 새재자전거길을 따라 북쪽 한강, 남쪽 낙동강으로 가는 국토종주자전거길로 갈 수 있다. 금강자전거길에는 6개의 인증센터가 있다. 이 가운데 익산성당포구를 제외하면 댐과 둑, 그리고 보에 인증센터가 있다. 하류의 금강하구둑인증센터는 하구둑 좌우 서천과 군산 양측에 있다. 어느 곳에서 인증도장을 찍어도 된다. 금강자전거길은 4대강 자전거길에 포함되어 있어 이곳에서 구간 인증을 받아야만 4대강 종주 인증을 획득할 수 있다.

코스 개관

- ◆ 자전거길 총 길이 146km ◆ 총 상승고도 821m ◆ 종주 소요기간 2일
- ◆ 1일 평균 주행거리 84km ◆ 1일 평균 상승고도 410m
- ◆ 금강자전거길 구간인증자 63,131명

코스 난이도

4대강 자전거길 중에서는 중간 정도의 난이도를 보인다. 일일 평균 상승고도 410m에 평균 주행거리는 84km다. 수도권 자전거 코스 중에는 장화 코스(거리 84km, 상승고도 327m)와 길이와 난이도가 얼추 비슷하다. 상류와 하류로 구간을 나눠서 비교해보면 첫날 통과하는 상류지역에 오르막 구간이 집중되어 있다. 대청호댐~공주 구간 총 상승고도는 492m다. 상고하저의 모양새다. 그러나 하류에도 알찬 업힐이 기다리고 있다. 익산성당포구를 지나면 동네 뒷산을 넘어가는 이단 업힐이 있다. 길이는 길지 않지만 최대 경사 10도를 넘어가 끌바를 하는 경우도 많다.

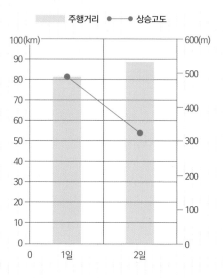

종주 계획 세우기

대청댐인증센터에서 금강하구둑인증센터까지는 146km다. 여기에 대전둔산터미널에서 대청댐까지 접근하는 것(23km)과 금강하구둑에서 군산버스터미널로 가는 거리(7km)를 추가해야 된다. 따라서 실제 총 주행 거리는 176km다. 하루 80km 주행을 기준으로 보면 꼬박 2일이 걸린다. 숙박을 하는 구간을 나눈다면 공주나 부여가 적당하다. 금강자전거길은 보통 1박을 하면서 한 번에 종주하는 방식을 선호한다. 번외 코스로 소개하는 선유도 라이딩을 포함한다면 군산~신시도 왕복 70km, 선유도를 둘러보는 20km를 포함해, 총 90km의 거리가 추가된다. 이 경우 2박3일 일정으로 진행한다.

① 노을에 물든 금강 하구.
② 금강자전거길 부여에서 강경으로 가는 길의 데크길.

고려 항목	가중치
경관	높음
고도차	낮음
차편	중간
바람	중간

종주 방향 정하기

금강자전거길은 어느 방향으로 주행해도 무리가 없다. 하지만 동호인들은 대부분 상류에서 하류로 내려오는 코스를 더 선호한다. 상류에서 하류로 내려가는 것은 장점이 많다. 우선 차편이 자유롭다. 대전 둔산터미널과 군산터미널은 모두 서울로 연결되는 차편이 빈번하게 운행된다. 단, 군산까지는 2시간 30분, 대전까지는 2시간이 소요되어 대전에서 출발하는 것이 30분 먼저 라이딩을 시작할 수 있다. 경관 측면에서도 상류에서 하류로 주행하는 게 좋다. 종주 2일차 후반에 있는 금강하구는 저녁놀에 물든 시간에 닿으면 풍경이 근사하다. 또 상류에서 하류로 방향을 잡는 것이 오늘의 행정 수도에서 과거의 백제 수도로 되돌아가는 듯한 스토리텔링에도 적합하다.

금강자전거길은 상류와 하류 사이에 고저차가 존재한다. 그러나 어느 쪽에서 출발해도 한 번은 대청댐을 올라갔다 내려와야 하기 때문에 전체 상승고도에는 별 차이가 없다. 따라서 고도차는 크게 영향이 없다. 다만, 바람은 주시할 필요가 있다. 우리나라 서해안은 편서풍 지대에 위치하고 있다. 바람이 서에서 동쪽으로 분다는 얘기다. 따라서 바람이 편서풍이 강하게 분다면 하류에서 상류로 가는 게 훨씬 유리하다. 출발 당일 풍향과 풍속을 체크하자.

코스 IN/OUT

금강자전거길을 상류에서 하류로 내려간다면 대전 IN, 군산 OUT이 된다. 문제는 대전 시내에서 대청댐인증센터까지 거리가 꽤 된다는 것이다. 대청댐까지는 대전고속버스터미널에서 28km, 둔산버스터미널에서는 23km다. 따라서 둔산터미널에서 출발하는 것이 조금이나마 라이딩 거리를 줄일 수 있다. 만약 2개 구간으로 나눠 종주를 하거나 종주 중에 사정상 OUT을 해야 한다면 교통편이 좋은 세종과 공주시를 이용한다.

숙소와 보급

금강자전거길은 대전과 군산 같은 큰 도시에서 시작하고, 중간에 세종, 공주, 부여를 거쳐 가기 때문에 숙소와 보급에 전혀 무리가 없다. 특히, 자전거길이 도심을 관통해 식당이나 편의점 이용하기가 편리하다. 하류 부근에서도 공주나 익산성당포구 등에 보급을 할 수 있는 편의점과 식당이 있어 이용할 수 있다. 숙박은 세종이나 공주, 부여 가운데 일정에 맞춰 찾으면 된다. 오천자전거길과 만나는 합강공원과 부여에는 오토캠핑장도 있어 자전거캠핑을 하며 종주를 하는 것도 추천한다.

미래의 수도에서 천년 전 백제의 수도까지

금강 종주1
(대전청사~대청댐~공주시)

대전시·세종시·공주시

>> >> 금강 종주의 시작이다. 자전거길이 시작되는 대청댐까지 찾아간
뒤 본격적인 라이딩을 시작한다. 금강을 따라가는 무난한 코스라 처음
장거리 라이딩으로 도전하기 좋다. 주변 경관은 평이하다. 다만, 미래
의 수도와 과거의 수도를 잇는 여정이 뜻깊다.

난이도	40점	50점
	대전청사~대청댐	대청댐~공주시
코스 주행거리	22km(하)	59km(중)
상승 고도	108m(하)	384m(중)
최대 경사도	10% 이하(중)	5% 이하(하)
칼로리 소모량	790kcal	2,087kcal

접근성　153km 대중교통 가능

|————— 고속버스 153km —————|
○　　　　　　　　　　　　　　　　　　　　　　○
강남고속버스터미널　　　　　　　　　　대전둔산시외버스정류장

소요시간　6시간 35분 1박2일 추천

가는 길	대전청사~대청댐 코스주행	대청댐~공주시 코스주행
버스 1시간 50분	1시간 15분	3시간 30분

금강자전거길은 대청호에서 시작해 금강하구둑까지 금강을 따라 조성된 총 연장 146km의 자전거길이다. 4대강 자전거길로 조성되었으며, 코스 중간에 3곳의 보(세종보, 공주보, 백제보)를 지나간다. 종주인증제 시행 구간으로 종주 시에 총 5곳의 인증소에서 스탬프를 받아오면 금강 종주 인증을 받을 수 있다.

금강자전거길은 중간에 공주와 부여를 지나가기 때문에 백제의 문화유적지를 통과하는 코스로도 유명하다. 특히, 백제 중기의 수도였던 공주에서는 공산성, 무령왕릉, 송산리 고분군, 국립공주박물관 등이 자전거길과 인접해 있어 일행 중에 학생이 있거나 역사에 관심이 많다면 라이딩 중간에 시간을 내서 둘러볼 수 있다.

이렇게 코스 중간에 확실한 역사 도시들이 있어 식사, 숙소를 해결하기에도 유리하다. 일반적으로 1박2일 일정으로 이곳을 종주할 때는 공주나 부여에서 숙박을 한다. 두 도시 모두 특색있는 음식과 숙소를 어렵지 않게 찾을 수 있다.

금강자전거길은 하천 정리가 잘된 둔치를 끼고 코스가 만들어져 있다. 일부 구간에서 자전거 전용도로를 잠시 벗어나 일반 국도를 경유해 달리는 곳도 있는데, 곳곳에 안내표지판과 도로표시가 되어 있어 길을 잃어버릴 걱정은 하지 않아도 된다. 코스의 난이도 역시 무난한 편이다. 특히 대청호부터 공주까지는 업힐이 거의 없는 평탄한 구간이라 편하게 라이딩을 할 수 있다.

금강자전거길의 출발은 대전정부청사에서 시작한다. 대전시내에서 대청호까지는 약 23km 거리다. 대청호에 다다르자 늦가을 이른 아침의 큰 일교차로 인해 안개가 자욱하다. 마치 꿈속 같은 몽환적인 분위기의 안갯속을 뚫고 달리는 기분이 특별하다. 해가 어느 정도 떠오르자 시야가 밝아지며 주변 풍경이 선명하다.

① 둔산시외버스터미널 인근의 자전거도로. 이곳에서 유등천과 갑천자전거길을 통해서 대청호로 이동한다. ② 안개가 걷히고 있는 대청호인증센터. ③ 공주시로 진입해서 무령왕릉으로 올라가는 왕릉로.

공산성에서 내려다본 공주 시가지.

대청호에서 왔던 길을 되돌아서 대전을 지나 신탄진 인근에 현도교와 만난다. 이 다리를 건너면 세종시로 향하게 된다. 이곳부터 세종시 합강공원까지는 자전거 전용도로와 일반 도로를 오가며 평이한 풍경을 바라보며 라이딩을 한다. 합강공원은 오천자전거길과 금강자전거길이 만나는 자전거 교통의 요지 같은 곳이다. 오천자전거길을 따라 올라가면 다시 새재자전거길과 만나게 된다.

합강공원을 출발해 세종보인증센터를 지나면 금강자전거길은 학나래교를 건너서 강 맞은편으로 넘어간다. 학나래교는 특이하게도 차량이 지나가는 상판 아래층에 자전거와 보행자를 위한 도로가 설치되어 있다.

세종시를 벗어나면 자전거길은 중간에 석장리 고분박물관을 잠시 우회할 뿐 쭉 뻗은 강변을 따라 굴곡 한 번 그리지 않고 직선으로 공주시와 연결된다. 단조롭기는 하지만 거침없이 속력을 내볼 수 있는 구간이다. 그렇게 자전거 전용도로를 따라 달려가면 강 건너에 백제의 영화로운 시절을 간직한 공산성이 보인다. 금강 종주 라이딩 첫날은 공주에서 맺음한다.

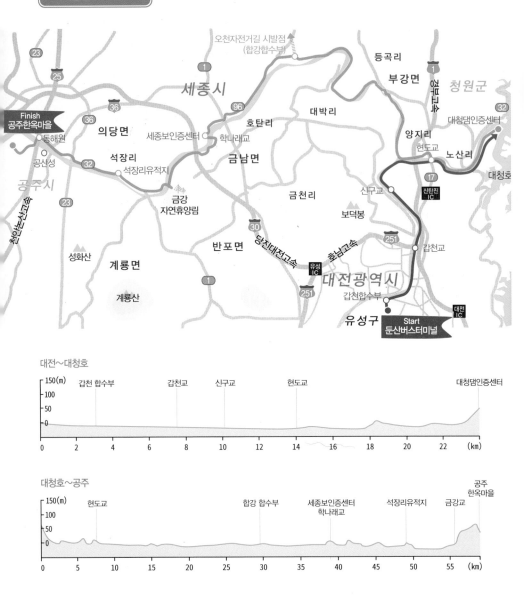

코스 접근

금강자전거길 시작점은 대청댐인증센터다. 이곳까지
는 접근할 수 있는 대중교통수단이 없다. 따라서 대전
까지 고속버스를 이용하거나 신탄진역까지 기차를 타

고 가 대청호까지 자전거로 이동해야 된다. 고속버스
로 대전까지 이동할 경우 대전복합터미널이나 둔산터
미널(대전청사)을 목적지로 하는 노선이 두 개 운행되
는데, 둔산에서 출발하는 것이 조금 더 가깝다. 버스요

① 대전정부종합청사 인근에 위치한 둔산정류장. ② 공주 동해원의 짬뽕. ③ 공주 햇잎갈비의 돼지갈비.

금은 성인 편도 1만1,500원이며, 약 2시간 소요된다. 자가용으로 대청댐인증센터로 가려면 경부고속도로 신탄진IC를 이용한다.

코스 가이드

대전에서 출발하면 유등천과 갑천의 자전거 전용도로를 이용해서 대청호까지 이동할 수 있다. 약 23km를 이동해야 한다. 대청댐인증센터에서 공주까지는 59km 거리로, 1일차 총 주행거리는 80km다. 대부분 자전거 전용도로로 주행하며 일부 구간에서만 일반 도로를 주행한다. 전 구간 포장도로를 이용하며, 곳곳에 표지판이 있어 코스를 쉽게 따라갈 수 있다.

난이도

대전청사~대청호 구간의 경우 대청호가 가까워지면서 완만한 업힐이 시작되어 대청댐인증센터까지 이어진다. 이후 대청호~공주 구간에는 거의 업힐이 없는 평지를 주행한다.

보급 및 식사

공주시에 있는 **동해원**(☎ 041-852-3624, 충남 공주시 납다리길 22)은 전국구로 유명세를 타는 중식당이다. 자전거길에서 300m쯤 떨어진 곳에 있어 쉽게 찾아갈 수 있다. 화려한 고명은 없지만 묵직한 짬뽕(1만원) 국물이 일품이다. 점심시간(오전 11시~오후 5시)에만 영업하며, 일요일은 휴무다. 공산성 인근 공주산성시장에는 저렴한 가격으로 한 끼 식사를 해결할 만한 식당들이 모여있다. 오일장은 매달 1, 6일에 열린다. 수구레국밥과 손칼국수가 맛있다. 공주는 밤으로 유명한 고장으로, 밤막걸리도 알아준다. 밤막걸리는 강한 밤맛에 주당 사이에서 호불호가 갈린다.

숙박

공주한옥마을(☎ 041-840-8900, www.hanok.gongju.go.kr)이 자전거길에 인접해 있어 이용하기 좋다. 온돌방에서 뜨끈한 구들장 체험이 가능한 이 곳은 바이크텔로 지정되어 있으며, 자전거 전용 보관함도 있다. 온누리공주시민으로 가입하면 별도의 기념품을 증정해준다. 한옥마을 단지 내에 음식점도 있다. 공주한옥마을 이외에도 공주시내 곳곳에 한옥 숙박업소가 있다. 인터넷으로 손품을 조금 팔면 자신의 취향에 맞는 숙소를 발견할 수 있을 것이다.

소금배 오가던 갈대밭 철새의 낙원을 향해

금강 종주2
(공주~부여~금강하구둑)
공주시·부여군·서천군·군산시

>> >> 금강자전거길 2구간이자 마지막 구간이다. 백제의 수도였던 공주와 부여를 거쳐 서해와 만나는 군산까지 간다. 강폭이 점점 넓어지는 금강은 유장하다. 곳곳에 드넓은 갈대밭이 펼쳐져 가을을 수놓는다. 겨울로 접어들면 노을 물든 금강의 하늘을 수놓는 철새의 군무가 장관이다.

난이도 60점

코스 주행거리	88km(상)
상승 고도	329m(중)
최대 경사도	5% 이하(하)
칼로리 소모량	2,812kcal

누적 주행거리 170km

|—— 1일차 82km ——|———— 2일차 88km ————|

대전둔산터미널　　대청호　　　　공주　　　　　　　　　　　군산

누적 소요시간 14시간 58분 1박2일 추천

가는 길	1일차 코스 주행	2일차 코스 주행	오는 길
버스 1시간 50분	4시간 35분	5시간 30분	**자전거** 33분 **버스** 2시간 30분 **총** 3시간 3분

부여에서 강경으로 이어진 금강의 넓은 둔치 사이로 조성한 자전거길.

공주에서 금강 물길이 바다와 만나는 군산까지는 약 88km 거리다. 중간에 부여, 강경, 성당포구를 지나가게 되며 금강하구둑에서 마침내 서해바다와 만난다. 자전거길은 잘 정비된 하천부지를 따라서 나 있어 거쳐가는 도시를 제외하고 강변의 풍경은 평이한 수준이다. 다만, 금강하구둑을 향해 가는 서천군 신성리 금강 둔치에는 드넓은 갈대밭이 있어 눈길은 끈다. 이곳은 늦가을이면 수십만 마리의 철새가 찾아와 장관을 이루는 곳이기도 하다.

금강 종주 자전거 여행 2일차. 공주에서 다시 라이딩을 시작했다. 가장 먼저 마주친 것은 공주보다. 이곳을 지나 약 1시간 정도를 달려가자 부여 인근에 있는 백제보에 닿았다. 백제보를 지나면 강 건너로 낙화암이 보이기 시작한다. 부여는 공주와 마찬가지로 백제의 옛 수도였다. 백제 멸망의 슬픈 역사가 고스란히 남아 있는 역사의 도시다. 낙화암은 신라군에 쫓긴 삼천 궁녀가 절벽에 몸을 던진 곳이다. 해발 100m의 깎아지른 낙화암 절벽 중턱에는 부소사가 제비둥지처럼 안겨 있다.

부여에서 보급이나 식사를 해결할 계획이라면 금강자전거길을 조금 이탈해야 한다. 자전거길은 부여 외곽에서 백마강교를 넘어간 다음 강의 반대편으로 부여 시가지를 우회한다.

강 건너로 낙화암을 바라보며 가다 백제교를 통해서 다시 돌아오도록 설계되어 있다. 따라서 이 코스를 무시한 채 백마강교를 건너지 말고 곧장 부여시내로 진입한다.

부여를 지나면 금강은 강폭이 더욱 넓어진다. 자전거길은 드넓은 둔치에 나 있다. 그 길을 따라 내처 달려가자 강경이다. 강경은 일제시대에는 아주 번성했던 포구다. 영산강의 영산포와 마찬가지로, 금강이 하구둑으로 막히기 전까지는 서해에서 이곳까지 배가 수시로 들락거렸던 포구였다. 강경이 젓갈로 유명해진 것도 이 뱃길 때문이다. 그러나 그 영화로운 시절은 세월 저편으로 흘러갔고, 강가에는 몇 척의 어선만이 쓸쓸히 정박해 있다. 다만, 가을에 시간을 잘 맞춘다면 강변 둔치에서 열리는 젓갈축제를 덤으로 구경할 수 있겠다.

강경포구에서 조금 더 내려가자 성당포구와 만났다. 성당은 이곳의 지명 '성당리'를 따라 붙여진 이름이다. 천주교의 성당과는 전혀 관계가 없다. 자전거길은 이곳에서 잠시 임도 같은 산길을 넘어가 마침내 금강하구둑 너머에 있는 철새전망대에 도착한다. 이곳은 천수만과 더불어 우리나라 철새도래지 가운데 가장 많은 철새가 찾는 곳이다. 해마다 가창오리를 비롯해 수십만 마리의 철새가 찾아와 겨울을 난다. 특히, 11월 중순부터 해 질 녘이면 먹이활동을 나서는 가창오리 수십만 마리가 붉은 노을 속에서 펼치는 군무가 장관이다.

① 말 안장을 보 구조물로 형상화한 백제보. ② 무령왕릉에서 발굴된 봉황을 그려 넣은 공주보.
③ 강경 외곽 금강자전거길의 데크길 구간. ④ 가을이면 젓갈축제가 열리는 강경포구.

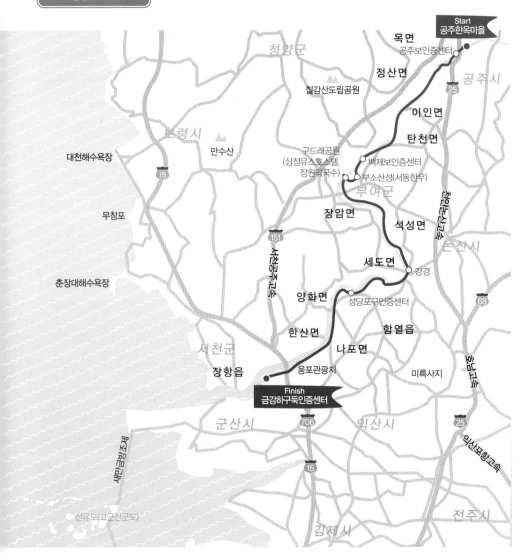

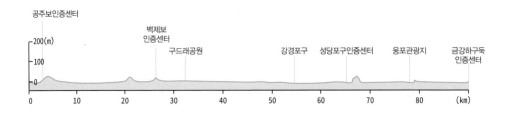

① 부여 장원막국수의 메밀국수. ② 부여 서동한우의 서동탕. ③ 군산 경암동 철길마을.

코스 접근

공주에서 금강하구둑인증센터까지 87km, 이곳에서 군산터미널까지 7km, 총 94km거리를 주행하게 된다. 군산에서 숙박을 하고 군산 구시가지와 선유도 라이딩도 추가로 할 수 있다.

코스 아웃

마지막 인증소가 있는 금강철새조망대에서 군산고속버스터미널까지는 약 7km 거리다. 군산시내 진입 후 이마트 앞길을 따라서 터미널까지 이동하게 되는데, 이마트 건너편 이면도로로 들어가면 군산철길마을로 알려진 경암동 철길마을이 나온다. 귀경길에 잠시 둘러보는 것을 추천한다(아래 지도 참조). 군산고속버스터미널에서는 20~30분 간격으로 서울행 고속버스가 운행된다. 요금은 성인 편도 기준 일반 1만5,000원, 우등 2만5,700원이다. 소요시간 2시간 25분.

난이도

성당포구인증센터를 지나면 약 2km 구간의 임도 구간과 만나게 된다. 포장도로라 일반 자전거로 주행이 가능하지만 이 구간에서 가장 긴 1km 거리의 업힐을 통과해야 한다.

숙박

부여는 유명 관광지답게 숙박시설과 음식점이 많다. **부여유스호스텔(☎** 041-836-9576, 부여군 부여읍 의열로43)은 정림사지와 국립부여박물관 인근에 위치하고 있어 주변을 둘러보기에 좋다. 6인실 요금은 8만원. 구두래공원의 삼정유스호스텔은 영업하지 않는다.

보급 및 식사

구두래공원 인근에 음식점이 많다. **장원막국수(☎** 041-835-6561, 부여군 부여읍 구교리 8-1)는 부여에서 가장 유명세를 떨치는 음식점 중 한 곳이다. 편육(2만원)과 막국수(8,000원)가 유일한 메뉴인데, 달콤한 육수의 막국수와 부드러운 편육의 궁합이 좋다. 이곳도 식사시간이면 길게 줄이 생긴다. **서동한우(☎** 041-835-7585, 부여군 관북리 118-2)는 드라이에이징으로 처리한 한우로 유명한 곳이다. 고기가 먹고싶다면 찾아갈 만하다. 점심 때는 서동탕(1만3,000원)을 먹어도 된다.

여행정보

강경발효젓갈축제가 매년 10월 중순 주말을 끼고 강경의 금강둔치에서 열린다. 군산세계철새축제는 매년 11월 중순 금강철새조망대 인근에서 열린다. 이 무렵 금강하구에는 철새들이 날아와서 휴식하는 모습을 라이딩 도중에도 어렵지 않게 볼 수 있다.

신선이 놀던 곳에서 라이딩하기

선유도 | 군산시

>> >> 섬과 섬이 연륙교로 연결된 서해의 아름다운 섬이다. '신선이 머물던 섬'이란 이름처럼 서해안답지 않은 맑은 해변과 암봉이 어울려 절경이다. 2시간 남짓이면 섬을 돌아볼 수 있어 초보들도 무리 없이 자전거여행을 할 수 있다. 군산에서 탁 트인 새만금방조제를 따라 가면 알찬 하루 코스가 된다.

난이도	30점	코스 주행거리	21km(하)
		상승 고도	150m(하)
		최대 경사도	5% 이하(하)
		칼로리 소모량	491kcal
접근성	237km	자가용 237km 반포대교 ——————————— 명성휴게소	
소요시간	8시간	가는 길 자가용 3시간 / 코스 주행 2시간 / 오는 길 자가용 3시간	

어떤 곳은 지명만으로도 그곳의 멋진 풍광이 기대되는 곳들이 있다. 강원도 동해의 '무릉계곡', 정선 '소금강' 같은 곳이 그런 곳들이다. 이름 자체만으로도 범상치 않음이 느껴진다. 선유도 역시 그런 곳이다.

선유도, 신선들이 노닐던 섬이라는 멋진 이름만으로도 여행객의 기대를 부풀게 하기에 충분하다. 서울 양화동 북단 한강에 떠 있는 선유도와 헷갈리지 말자. 지금 이야기하는 섬은 전라북도 군산시 옥도면에 위치한 섬이다. 이 섬은 새만금방조제에서 멀지 않은 곳에 있다. 장자도, 대장도, 무녀도와 다리로 연결되어 있으며, 주변의 크고 작은 63개의 섬들과 함께 고군산군도로 불리기도 한다.

신선들의 섬, 선유도는 2016년 새만금방조제와 연결된 신시도와 무녀도를 연결하는 고군산대교 개통에 이어 2018년 무녀도와 선유도, 다시 장자도까지 연결되는 다리가 놓이면서 마침내 육지와 연결되었다. 군산에서 배로 한 시간 남짓 달려와야 도착할 수 있던 외딴섬을 이제는 자동차로 한 번에 갈 수 있게 되었다. 다리가 놓이면서 섬의 풍경도 변화가 생겼다. 한적했던 명사십리해변은 행락객들로 복잡해졌고, 짚 라인 타워가 세워져 이용객들의 환호소리가 심심치 않게 들려온다. 신선들의 놀이터가 인간들의 행락지로 변화된 모양새다.

조용했던 섬 특유의 분위기는 희석되었지만 자전거 여행자에게는 반가운 일도 생겼다. 새로 개통된 교량과 도로에는 아주 매끈하게 빠진 자전거 도로도 같이 만들어졌기 때문이다. 일본 최고의 자전거 코스로 알려져 있는 '시마나미 카이도'와 같이 섬에서 섬으로 건너 뛰며 자전거 라이딩을 즐길 수 있는 코스다. 자전거 여행자들은 새만금방조제와 연결되어 있는 신시도 초입의 명성휴게소부터 라이딩을 시작한다. 다리가 놓이면서 라이딩 코스도 바뀌었다. 과거에는 선유도 선착장에서 시작해서 장자도와 무녀도를 둘러보고 되돌아오는 경로였지만 이제는 장자도까지 들어갔다가 선유도를 찍고 되돌아 나온다.

① 일몰이 아름답기로 유명한 명사십리해수욕장. ② 선유도의 새로운 명물 집라인 타워.

명성휴게소에서 출발하면 신시해안교, 신시교, 고군산대교, 선유대교, 장자대교 모두 5개의 다리를 건너 종점인 장자도까지 연결된다. 그 중에서도 돛 모양의 주탑이 우뚝 서 있는 고군산대교의 풍광이 단연 압권이다. 높이 110m의 주탑은 선유도 망주봉과 함께 섬 어느 곳에서나 바라보인다. 섬 사이의 수심이 깊고 조수간만의 차이가 커서 우리나라에서 최초로 시도된 1주탑 방식의 현수교다. 장자도를 들렀다가 선유도로 되돌아 나오면 제일 먼저 눈에 들어오는 것은 망주봉이다. 바다에 쇠뿔처럼 솟은 산의 모습은 여전히 인상적이다. 망주봉까지는 1km 남짓 길게 백사장이 이어져 있다. 이곳이 유명한 명사십리 해수욕장이다. 선유도에서 빼놓을 수 없는 노을의 명소이자 여름이면 피서객들로 붐비는 곳이다. 인근의 몽돌해변과 망주봉을 둘러보기 위해서 두어 번을 지나가게 되는 곳이지만 몇 번을 봐도 물리지 않는, 한 폭의 진경산수화 같다.

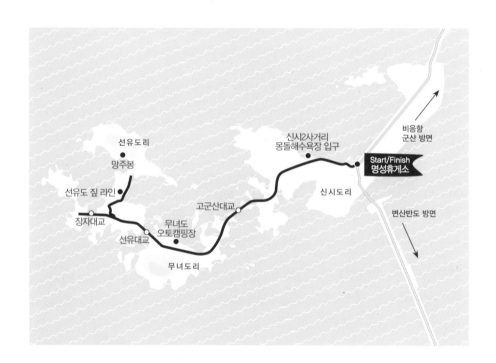

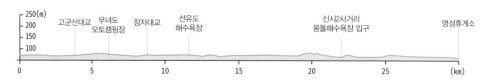

① 닻모양의 주탑이 인상적인 고군산대교. ② 군산 이성당의 앙금빵. ③ 중동호떡.
④ 복성루의 푸짐한 짬뽕.

코스 접근

군산고속버스터미널에서 새만금명성휴게소까지 공도로 편도 35km 거리다. 자가용을 이용해서 접근한다면 새만금명성휴게소에 주차하고 이동하면 된다. 비응항에서 선유도로 출발하는 유람선과 군산여객터미널에서 출발하는 여객선은 여전히 운행되지만 자전거 반입은 안된다.

코스 가이드

명성휴게소에서 출발하면 자전거도로와 바로 연결된다. 도로 양쪽에 자전거길이 만들어져 있다. 차량 진행방향과 마찬가지로 일방통행 하면 된다. 자전거도로는 장자도까지 연결되어 있고, 이곳에서 되돌아 나오면 선유도 명사십리 해변 입구까지도 자전거도로가 연결되어 있다. 왕복 거리는 21km. 섬 구석구석을 둘러보면 주행거리는 좀 더 늘어난다.

난이도

경사도 10% 이상의 업힐 구간은 없다. 다만, 섬과 섬을 이어주는 다리 부근에서 짧은 오르막이 있다.

보급 및 식사

선유도에는 식당이 여럿 있다. 횟감도 있지만 가격은 싸지 않다. 해물칼국수나 매운탕 정도로 가볍게 식사를 하는 게 좋다. 선유도로 가는 길목인 군산은 특별한 먹을거리가 많다. **복성루(☎** 063-445-8412, 군산시 월명로382)의 짬뽕은 전국에서 세 손가락 안에 든다. 짬뽕그릇 가득 담아주는 싱싱한 해산물과 시원한 국물이 일품이다. 항상 대기줄이 길게 늘어선다는 것을 각오해야 한다. 영업시간은 11:00~16:00(일요일 휴무)이며, 짬뽕은 1만1,000원이다. **이성당(☎** 063-445-2772, 군산시 중앙로 177번지)도 전국에서 가장 맛있는 빵을 파는 곳으로 소문났다. 단팥빵(2,000원)과 야채빵(2,500원)이 가장 유명하다. **중동호떡(☎** 063-445-0849, 군산시 경암동 365)은 기름 없이 구운 꿀호떡이 유명하다. 외진 곳에 있는데도 대기표를 뽑고 기다려야 할 만큼 인기다. 호떡 1개 1,400원.

숙박

선유도에 민박을 치는 집이 여럿 있다. 명사십리해수욕장의 일몰을 보고 싶다면 선유도에서 1박을 해도 좋다. 명사십리해수욕장에서는 캠핑도 가능하다. 무녀도에도 2018년 오토캠핑장이 개장하여 운영 중이다. 군산은 일제시대 대표적인 수탈 항구였다. 그런 까닭에 도시 곳곳에 일본식 건축물들이 남아 있다. **고우당게스트하우스(☎** 063-443-1042, 군산시 월명동 16-6)에서는 일본식 건축물에서 숙박이 가능하다.

난이도 40점

코스 주행거리	35Km(중)
상승 고도	54m(하)
최대 경사도	5% 이하(하)
칼로리 소모량	509kcal

① 군산산업단지에 조성된 자전거길. ② 새만금 방조제에 세워진 조형물.
③④ 신시도까지 일직선으로 뻗은 새만금 방조제를 달리는 라이더.

선유도만 목적으로 한다면 자가용이나 대중교통을 이용해 점프할 수 있다. 자가용으로 접근하면 신시도 명성휴게소나 새만금휴게소에 주차를 하고 라이딩을 하면 된다. 그러나 이렇게 하면 선유도까지 접근은 편리하지만, 전체 라이딩 거리가 20여km로 너무 짧다. 또한 탁 트인 새만금방조제를 건너뛰는 아쉬움이 남는다. 또 선유도로 가는 길은 휴일이면 항상 차량 정체가 발생하는 것도 부담이다. 이런 이유로 대부분의 라이더는 군산에서 자전거를 타고 선유도를 간다. 군산부터 선유도 입구 명성휴게소까지 거리는 편도 35km, 왕복 70km다. 여기에 선유도 내에서 이동거리까지 합치면 총 90km에 달하는 장거리 코스가 된다.

라이딩 시작은 군산터미널이다. 군산터미널에 도착하면 터미널을 등지고 오른쪽 방향으로 이동한다. 경암사거리를 지나 직진하면 삼거리에 도착하는데, 이곳에서 좌회전해서 서쪽으로 이동한다. 도심 구간은 대부분 인도에 설치되어 있는 보행자 겸용 자전거도로를 이용한다. 얼마 지나지 않아 군산 관광의 핵심 지역인 진포해양테마공원과 군산근대역사박물관을 지나간다. 이 일대는 오래된 노포와 유명한 빵집, 그리고 적산가옥이 모여 있는 군산의 구도심 지역이다.

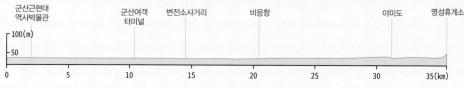

시간적인 여유가 있다면 일제시대 대표적인 수탈항구였던 군산의 1930년대 모습을 재현해놓은 군산근대역사박물관을 비롯해 구도심의 명소를 돌아보자. 군산근대역사박물관에서 월명공원을 지나면 과거 선유도행 여객선이 출항했던 군산여객터미널에 도착한다. 이후 변전소사거리에서 좌회전, 다시 엑스포사거리에서 우회전해서 새만금복로를 따라간다. 군산여객터미널에서 엑스포사거리까지도 인도에 자전거도로가 잘 조성되어 있지만, 군산산업단지를 통과하는

가장 재미없는 구간이다. 새만금복로를 따라 가다 비흥항 지나 새만금방조제로 진입한다.

새만금방조제는 비응항에서 명성휴게소까지 직선으로 곧게 뻗어 있다. 13km에 달하는 이 길은 무한대의 자유를 누리며 달려볼 수 있다. 특히, 방조제 왼쪽 하단에 조성된 자전거 전용도로는 어떤 방해도 없이 거침없이 달려볼 수 있는 '자전거 아우토반'이다. 명성휴게소부터 신시도와 무녀도, 선유도를 징검다리 삼아 장자도까지 간다.

5개의 하천을 이어 금강과 국토종주자전거길을 잇다

오천자전거길
(연풍~괴산읍~합강합수부)
괴산군·증평군·청주시·세종시

>> >> 충청북도를 동에서 서로 관통하는 자전거길이다. 다섯 개의 하천을 이어 자전거길을 만들어 오천이라 이름 지었다. 오천자전거길은 금강과 국토종주 코스를 이어주는 역할도 한다. 남한강을 따라 충주까지 온 뒤 낙동강이나 금강으로 방향을 잡아갈 수 있다. 평소 가볼 일 없는 충청도의 외딴 곳에 조성된 자전거길이지만, 의외로 정감이 간다. 다만, 주행거리가 100km가 넘기 때문에 당일 완주를 하려면 아침 일찍 출발하는 게 좋다.

난이도　60점

코스 주행거리	105km(중)
상승 고도	276m(하)
최대 경사도	5% 이하(하)
칼로리 소모량	3,344kcal

접근성　168km

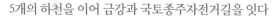

├── 고속버스 125km ──┤		├── 시외버스 43km ──┤
강남버스터미널	충주공용버스터미널	연풍버스정류소

소요시간　12시간 2분 당일코스

가는 길	코스 주행	오는 길
버스 1시간 50분	7시간 30분	자전거 32분
버스 40분		버스 1시간 30분
총 2시간 30분		총 2시간 2분

오천자전거길의 명칭은 직관적이다. 충청북도에 있는 5개의 하천을 연결해서 만들어졌다고 해서 오천자전거길로 명명되었다. 이 자전거길은 괴산군 연풍면에서 시작해서 증평읍을 거쳐 세종시까지 연결된, 충청북도를 동서로 길게 횡단하는 코스다. 쌍천, 달천, 성황천, 보강천, 미호천 등 5개의 하천을 연결해 105km의 종주 코스를 만든 것이다.

오천자전거길이 만들어지면서 국토종주와 금강 종주를 잇는 새로운 루트가 생겼다. 오천자전거길의 동쪽은 연풍면에서 새재자전거길과 연결되고, 서쪽은 세종시 합강공원에서 금강자전거길과 연결된다. 이에 따라 충북에서 시작해서 충남을 거쳐 금강하구의 서해안까지 갈 수 있는 새로운 종주노선이 만들어진 것이다. 또 서울에서 출발해 부산은 물론 군산까지 갈 수 있는 메인 루트가 추가된 셈이다. 오천자전거길에는 행촌교차로, 괴강교, 백로공원, 무심천교, 합강공원 5곳에 인증센터가 있으며, 이곳에서 구간인증을 받을 수 있다.

오천자전거길을 라이딩하며 볼 수 있는 주위의 경관은 고즈넉하고 편안하다. 기존의 하천을 이어서 만들었기에 쌍천부터 성황천까지 이어지는 상류지역은 한적한 시골길을 달리는 듯한 느낌을 받는다. 증평부터 시작되는 보강천과 미호천 구간의 하류 지역은 넓어진 강폭만큼이나 직선으로 시원하게 뻥 뚫린 자전거길을 따라 세종시까지 연결된다.

난이도 역시 무난한 편이다. 낙동강자전거길과 새재자전거길을 제외한 다른 종주 구간과 마찬가지로 거의 평지 구간을 따라 코스가 만들어져 있다. 괴산에서 증평으로 넘어가는 곳에 있는 모래재가 105km에 이르는 자전거길을 통틀어 유일한 업힐 구간이다.

괴산군 연풍면. 이 낯선 지명은 자전거 종주도로에서는 꽤나 중요한 곳에 위치한 동네의

새재자전거길과 오천자전거길이 나뉘는 충북 괴산군 연풍면 행촌교차로.

① 첫번째 하천인 쌍천의 초입. ② 오천자전거길에서 유일한 업힐 구간인 모래재 정상.
③ 미호천자전거길의 구간 안내표시.

이름이다. 이곳에서 이화령으로 넘어가는 국토종주자전거길과 금강으로 연결되는 오천자전
거길이 갈라진다. 오천자전거길이 시작되는 행촌교차로는 충주에서 시작된 새재자전거길이
소조령을 넘어와 한숨을 돌리고 다시 이화령을 향해 넘어가는 초입에 있다. 교차로 바로 옆
에는 연풍시외버스정류소가 있는데, 오래된 건물과 빛 바랜 간판은 마치 시대극을 찍던 영
화세트장을 찾은 느낌을 준다.

연풍에서 괴산으로 가는 길 초입은 정겹다. 계곡처럼 아늑하고 좁은 하천을 따라 자전거
길이 조성되어 있다. 자전거길은 쌍천을 따라가며 물을 건너갔다 건너오기를 반복한다. 쌍
천은 쌍곡구곡과 괴산호에서 내려오는 물줄기가 보태져 괴강이 된다. 괴강을 따라 괴산읍으
로 드는 길은 절벽에 데크로 연결되어 있다.

괴산을 지나 증평으로 향하면 코스는 잠시 하천에서 멀어지며 이 코스의 유일한 업힐 구
간인 모래재를 향해서 올라간다. 지명 뒤에 '재'가 붙어 있으면 긴장을 하고 페달을 밟게 된
다. 하지만 모래재의 높이는 해발 229m. 제대로 힘도 못 써 보고 싱겁게 고개를 넘어버린다.

증평부터 하천의 폭이 넓어지기 시작한다. 보강천과 미호천이 합류하면서부터는 특색
없는 자전거길이 길게 이어진다. 청주 외곽을 지나면서 부지런히 속도를 높이면 금강자전거
길이 지나는 세종시 합강공원에 닿는다.

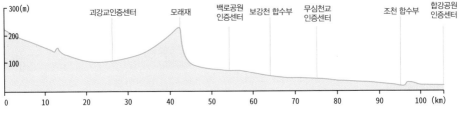

코스 접근

서울에서 괴산군 연풍면 행촌교차로까지 직행으로 가는 교통편은 없다. 강남고속버스터미널에서 충주 공용버스터미널까지 이동한 뒤 이곳에서 다시 시외 버스로 환승해서 연풍면까지 이동해야 한다. 충주에서 연풍 가는 버스는 40분쯤 걸린다. 성인 기준 서울 ~충주는 9,000원, 충주~연풍은 5,000원이다. 충주 시외버스터미널(☎ 043-856-7000). 동서울터미널 에서 수안보까지 시외버스로 이동한 뒤 자전거로 소조령을 넘어서 이곳까지 이동하는 방법도 있다. 이 경우 자전거로 12km를 주행해야 한다.

코스 아웃

세종시 정부청사에서 강남고속버스터미널까지 20~30분 간격으로 고속버스가 운행된다. 요금은 성인 기준 우등 1만3,900원이며, 소요시간은 1시간 30분이다. 조치원터미널에서 강남고속버스터미널까지 1시

① 괴산 연풍면 시외버스 정류소. ② 괴산 맛식당의 올갱이해장국. ③ 증평 일미분식의 대표 메뉴인 쫄면. ④ 조치원 재래시장에 위치한 왕천파닭의 파닭.

간 간격으로 버스가 운행된다. 요금은 성인 기준 일반 1만1,400원.

코스 가이드

연풍면 행촌교차로에서 시작되는 오천자전거길은 쌍천과 달천을 따라가 괴산읍에 닿은 뒤 그 다음부터는 성황천을 따라간다. 신촌교차로 부근에서 하천과 떨어져 모래재를 넘어 증평읍으로 간 뒤 다시 성황천, 미호천을 따라가다 합강공원에서 금강과 만난다.

난이도

출발지에서 괴산읍까지는 아주 미약한 내리막길 구간이다. 괴산읍을 지나면서 약한 오르막으로 바뀌는데, 해발 229m의 모래재를 넘어가면 이후에 업힐 구간은 없다. 경사도는 없지만 코스 거리가 길어 시간과 체력안배를 잘해야 한다.

보급 및 식사

괴산읍과 증평읍이 자전거길에 붙어 있어 이곳에서 식사와 보급을 해결하는 게 좋다. 괴산은 올갱이(다슬기)국으로 유명한 곳이다. 읍내에는 여러 곳의 올갱이해장국집이 있다. **맛식당**(☎ 043-833-1580, 괴산군 괴산읍 동부리 638-5)은 만화가 허영만이 그린 〈식객〉에 나와 유명해진 곳이다. 올갱이국 1만원. 증평읍에 있는 **일미분식**(☎ 043-836-3478, 증평군 증평읍 대동리 26)은 쫄면(4,000원)과 군만두(4,500원)가 유명하다. 옛스런 쫄면 맛과 바삭바삭한 식감의 튀김만두가 맛있다. 세종시 인근 조치원 재래시장에 있는 **왕천파닭**(☎ 044-862-7405, 세종특별자치시 조치원읍 원리101)은 파닭을 처음 개발한 원조집이다. 푸짐한 양과 자극적이지 않은 맛이 일품이다. 포장만 가능하며, 한 마리 2만2,000원이다.

06

-자전거 여행 바이블-

국토종주
자전거길

'서울에서 부산까지 국토종주!'

이 한마디 문장이 우리에게 던지는 함의는 결코 가볍지 않다. 자전거를 타는 동호인은 물론이고 그렇지 않은 일반인이라도 우리 땅을 한 번 끝에서 끝까지 자력으로 이동한다는 것은 단순한 여행을 넘어서는 결의가 필요하다. 누군가에게는 반드시 한 번은 해내고 싶은 버킷리스트이고, 또 누군가에게는 나태해진 정신을 가다듬는 극기와 수행의 과정이 될 수도 있다.

2012년 국토종주자전거길이 개통되면서 국토종주는 소망과 극기의 차원을 넘어 현실적인 여행과 레저의 영역으로 가까워졌다. 취미로 자전거를 타는 동호인들에게 이 코스는 장거리 자전거 여행의 갈증을 풀어준다. 또 초보 딱지를 떼고 중급으로 넘어가는 라이더들에게 일종의 관문 역할을 하게 된다. 국토종주자전거길을 완주하고 나면 이제 세상 어디든 자전거 여행을 갈 수 있는 자신감을 얻게 된다.

국토종주자전거길은 5개의 자전거길을 이어 붙여 만들었다. 인천 정서진에서 시작하는 아라
자전거길(21km)을 시작으로 한강자전거길 서울 구간(56km), 남한강자전거길(132km), 새
재자전거길(100km), 낙동강자전거길(385km)을 차례로 달려 부산 낙동강하구둑인증센터
에서 마무리 된다. 총 637km에 이르는 전체 코스를 완주하는 데는 보통 일주일이 걸린다.
국토종주자전거길을 잇는 5곳의 자전거길은 각자 개성이 뚜렷하다. 서해와 맞닿아 있는 아라
자전거길은 고속도로 같이 뚫려 있어 막힘 없이 달리는 맛이 있다. 한강자전거길은 너무나 친

숙하다. 폐철로를 따라가는 남한강자전거길에는 여행의 설렘이 묻어난다. 새재자전거길은 영남의 관문인 이화령을 통과한다. 낙동강에서는 영남의 젓줄을 따라 장대한 여정이 시작된다. 이처럼 저마다 느낌이 다른 5개의 자전거길이 하나로 이어져 입체적이고 복합적인 국토종주자전거길이 된다.

국토종주자전거길은 일주일이 걸리는 긴 여정에도 불구하고 가장 많은 라이더가 도전하는 종주 코스다. 2024년 4월 기준 9만9,000명이 넘는 라이더가 국토종주를 하고 인증을 받았다. 인증을 받지 않고 완주한 라이더까지 포함하면 10만명이 훌쩍 넘을 것이다. 그만큼 국토종주자전거길 완주는 모든 라이더의 꿈이다.

코스 개관

- ◆ 자전거길 총 길이 637km ◆ 총 상승고도 3,314m ◆ 종주 소요기간 7일
- ◆ 1일 평균 주행거리 93km ◆ 1일 평균 상승고도 560m
- ◆ 국토종주 인증 99,663명

코스 난이도

국토종주자전거길은 동해안자전거길에 이어서 두번째로 난이도가 높은 종주 코스다. 구간을 8개로 나눠보면 초반 서해에서 시작되는 아라자전거길과 한강자전거길 서울 구간은 오르막이 거의 없는 평탄한 코스다. 이후 상승고도는 꾸준하게 높아지다 새재자전거길의 이화령을 통과하면서 첫번째 절정을 맞이한다. 이후 낙동강자전거길로 접어들면서 잠시 평탄한 코스를 달리다 달성-부곡 구간에서 다시 한 번 쉴 틈 없이 몰아치는 오르막 구간을 통과하게 된다.

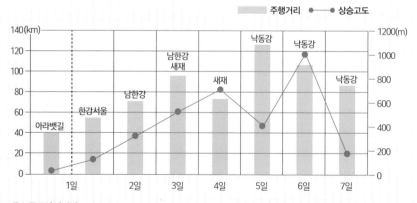

① 탄금대인증센터에 있는 국토종주 마일포스트. ② 하늘에서 내려다본 새재자전거길 이화령.

국토종주자전거길의 전체적인 난이도 모습은 M자형을 띈다. 5개의 자전거길 중에서 낙동강자전거길이 가장 길고, 또 가장 많은 오르막 구간을 포함하고 있다. 초행길의 여행자는 새재자전거길에 있는 이화령을 최대 난코스로 생각하지만, 실제로 달려보면 낙동강자전거길이 가장 어렵다.

종주 계획 세우기

정서진에서 부산 을숙도까지 637km 전 구간을 완주하려면 하루 라이딩 거리 80km 기준으로 7일이 소요된다. 국내 최장 코스인 만큼 기간도 오래 걸린다. 한 번에 완주하기가 부담된다면 구간을 나눠서 계획을 잡는 것도 방법이다. 이 책에서는 수도권 구간은 당일로 미리 달린 후 나머지를 종주하는 방식으로 소개한다.

아라자전거길과 한강자전거길은 평소에 미리 인증을 받아놓는다. 본격적인 종주는 남한강자전거길부터 시작한다. 덕소~여주, 여주~수안보 구간은 당일로 2회에 걸쳐 달렸다. 당일치기 2일차 종료지점을 남한강자전거길이 종료되는 충주가 아닌 수안보로 잡은 것에는 이유가 있다. 다음 구간 새재자전거길에서 만나게 될 소조령과 이화령 업힐을 위해 조금이나마 라이딩 거리를 줄여놓기 위해서다. 나머지 새재자전거길과 낙동강자전거길은 3박4일 일정으로 한 번에 달렸다. 1+1+1+4 방식으로 종주를 한 셈이다. 그러나 이 방식이 정답은 아니다. 1+1+5나 1+2+4와 같이 자신의 상황에 맞춰 종주계획을 세우면 된다. 5개의 자전거길 중에서 가장 길고 볼거리도 별로 없는 낙동강자전거길은 가능한 라이딩에 집중해서 하루에 100km 이상씩 달려야 일정 안에 완주할 수 있다.

종주 방향 정하기

'올라갈 것인가 내려갈 것인가?' 동해안자전거길과 달리 국토종주는 이미 답이 나와 있어 고민의 여지가 없다. 수도권 라이더는 십중팔구 서울에서 부산으로 내려가는 방향으로 잡을 것이다. 반대로 영남 지역 동호인들은 부산에서 서울로 올라올 것이다. 국토종주를 위한 차

고려 항목	가중치
경관	낮음
고도차	없음
차편	낮음
바람	중간

편 변수도 크게 영향을 주지 않는다. 정서진(아라서해갑문)에서 여주까지는 수도권 전철망이 연결되어 있다. 충주에서 새재자전거길과 낙동강자전거길 따라 대구까지는 주요 거점에 도시가 있어 차편이 편리하다. 국토종주 끝지점 정서진과 을숙도 모두 해수면 높이에 있어 어떤 방향으로 달려도 상승고도에 끼치는 영향은 미미하다. 내륙을 달리기 때문에 바람의 영향은 바닷가보다 적게 받는다. 그래도 종주 기간 내내 남풍이 불어 강한 맞바람을 맞게 된다면 날짜를 바꾸거나 출발지를 부산으로 변경하는 것도 고려해봐야 한다. 라이딩 기간이 길어 하절기에는 한 번쯤 비 맞을 확률도 높다.

코스 IN/OUT

정서진에서 가장 가까운 대중교통은 공항철도 청라국제도시역이다. 국토종주 대단원의 막을 내리는 부산 을숙도에서는 부산사상버스터미널(부산서부시외버스터미널)이 가장 가깝다. 종주를 시작하거나 마칠 때 이용한다. 당일치기로 구간을 달리는 수도권 구간은 전철을 이용하면 편리하다. 한강자전거길이 끝나고 남한강자전거길이 시작되는 팔당역까지는 경의중앙선이 운행한다. 당일치기 1일차 라이딩이 종료되는 여주까지는 경강선 전철이 운행한다. 당일치기 두 번째 구간 여주~수안보 이후부터는 버스를 이용해서 점프한다. 낙동강자전거길 구간에는 문경, 상주, 구미, 대구에서 버스를 이용할 수 있다. 대구에서 부산은 구간을 나누지 않고 논스톱으로 한 번에 마무리한다.

숙소와 보급

서울 근교의 아라자전거길, 한강자전거길은 곳곳에 편의점이 있고, 도심으로 바로 진출입할 수 있는 나들목이 있어 보급과 식사를 해결하는 데 문제가 없다. 남한강자전거길도 양평까지는 자전거길 주변에 식당과 편의점이 곳곳에 있다. 그러나 양평을 벗어나면서부터 자전거길은 인적이 드물고, 보급받을 수 있는 지점이 확 줄어든다. 이곳부터는 여주, 충주, 수안보, 문경처럼 주요 기점이 되는 도시에서 식사와 숙박을 해결한다.

새재자전거길까지는 자전거길이 도심을 관통해서 지나가 도시로의 접근성이 양호한 편이다. 낙동강자전거길이 시작되는 상주상풍교부터는 보급과 식사를 할 수 있는 곳이 제한적이다. 인적 드문 적막한 자전거길이 끝없이 이어진다. 이때부터는 보에 있는 편의점을 이용하거나 이 책에서 안내하는 식당과 숙소 정보를 숙지하고 움직여야 끼니를 거르지 않고 라이딩을 이어갈 수 있다. 낙동강자전거길 구간에서는 맛집을 찾으려 하지 말고, 때가 되었을 때 식당이 보이면 주저말고 들어가 식사를 해결해야 한다.

낙동강자전거길 1일차 상주~달성보 구간은 중간에 큰 도시가 있어 사정이 낫다. 2일차 달성~부곡 구간은 자전거길 주변이 적막강산이다. 경유하는 지역의 읍이나 면 소재지가 자전거길에서 멀리 떨어져 있어 숙소와 식당 선택의 폭이 아주 제한적이다. 낙동강자전거길 2일차가 가장 고되고 힘들게 느껴지는 것은 코스의 난이도뿐만 아니라 식사와 숙소를 해결하는 어려움도 한몫한다.

① 하늘에서 내려다본 낙동강자전
거길 양산 황산공원. ② 낙동강자전
거길 양산 구간 데크길을 달리는 종
주자들. ③ 2인용 자전거를 타고 국
토종주를 하는 라이더들. ④ 낙동강
자전거길 양산 황산공원 캠핑장.

정서진에서 국토종주의 서막을 알리다

국토종주1
(아라&한강자전거길 : 서해갑문~팔당)

인천시·김포시·서울시·하남시

>> >> 국토종주 서막을 알리는 자전거길이다. 또 부산에서 출발했다면 국토종주 대미를 장식하는 감격의 코스다. 직선으로 길게 뻗은 아라자전거길을 달려가면 대한민국의 수도 서울을 가로지르는 한강자전거길과 만난다. 인공미와 자연미가 조화를 이룬 자전거길을 달리며 국토종주의 부푼 꿈을 키운다.

난이도	30점	50점
	아라자전거길	한강자전거길
코스 주행거리	23km(하)	58km(중)
상승 고도	78m(하)	196m(하)
최대 경사도	5% 이하(하)	5% 이상(중)
칼로리 소모량	705kcal	1,567kcal

접근성 43km

← 자전거 6km →	공항철도 37km(8개역)
반포대교	서울역 · 청라국제도시역

소요시간 7시간 08분 당일코스

가는 길	코스주행	오는 길
자전거 24분	아라자전거길 1시간 36분	전철 50분
전철 50분	한강자전거길 3시간 10분	자전거 18분
총 1시간 14분	총 4시간 46분	총 1시간 8분

국토종주자전거길 프리뷰에서는 아라자전거길과 한강자전거길은 미리 인증을 받아놓고 본격적인 종주는 남한강자전거길부터 시작하도록 안내하고 있다. 가장 현실적인 조언이지만, 시작과 맺음을 명확히 하려면 공식적인 출발점으로 가는 게 좋다. 아라자전거길 서쪽 끝 서해갑문인증센터에서 국토종주 대장정의 결기를 다지면서 공식적인 출발을 알리자.

영종대교가 마주 보이는 곳에 있는 서해갑문인증센터는 광화문을 중심으로 봤을 때 서쪽 끝에 위치하고 있어 정서진으로 명명되었다. 인증소 바닥에는 633km의 Finish Line과 함께 0km의 Start Line이 함께 표시되어 있다. Start Line에는 아치도 세워져 있어 장거리 여행을 떠나는 라이더에게 첫걸음을 떼는 상징적인 퍼포먼스를 연출하기 좋다.

아라자전거길은 한강과 서해를 연결하는 아라뱃길을 따라 만들어진 자전거도로다. 뱃길 양쪽으로 자전거길이 나있다. 마실 라이딩을 나온 수도권의 라이더는 뱃길 북단과 남단을 일주하는 43km의 라이딩을 즐긴다. 반면 국토종주 도전자들은 목적지 부산만을 생각하며 동쪽을 향해서 종주 라이딩을 시작한다. 편도 21km를 달리면 아라자전거길이 끝나는 지점에 있는 김포(한강)갑문인증센터에 도착한다. 이곳부터는 한강자전거길이 시작된다. 한강자전거길의 총 연장거리는 107km에 달한다. 일반적으로 서쪽 행주대교와 동쪽 팔당대교를 경계지점으로 본다. 남측과 북측 양쪽에 모두 자전거길이 조성되어 있다.

아라뱃길을 따라 조성된 아라자전거길.

① 국토종주의 출발점이자 종착점인 아라서해갑문에 있는 인증센터. ② 한강자전거길에 있는 세 곳의 인증센터 가운데 하나인 광나루자전거공원인증센터. ③ 아라서해갑문에 있는 국토종주 스타트 라인 아치.

한강자전거길은 수도권 라이더에게는 새삼스러울 것 없는 익숙한 코스다. 강의 북측과 남측 어느 쪽으로 달려도 자전거길의 난이도는 거의 같다. 그러나 국토종주를 한다면 한 가지 고려할 것이 있다. 바로 인증센터에 들려서 인증 도장을 찍는 것이다. 서울 한강자전거길에는 세 곳의 인증센터가 있다. 한강 남쪽에는 여의도서울마리나와 광나루자전거공원, 강북은 뚝섬전망콤플렉스에 있다. 이 가운데 광나루와 뚝섬에 있는 인증센터는 두 곳 중 한 곳만 인증도장을 찍으면 구간 종주를 인정해준다. 김포갑문에서 여의도인증센터까지는 한강 남단 자전거길을 따라서 이동한다. 반포대교에 도착하면 다리를 건너 북측 자전거길로 팔당까지 갈지, 아니면 그대로 남측 길을 따라갈 지 결정할 수 있다. 구간 인증 여부와 상관없이 인증센터에서 빠짐없이 도장을 받고 싶다면 반포대교 건너 뚝섬에 들러 인증도장을 받은 후 다시 잠실철교를 건너와 광나루에서 인증 도장을 받은 후 팔당까지 간다.

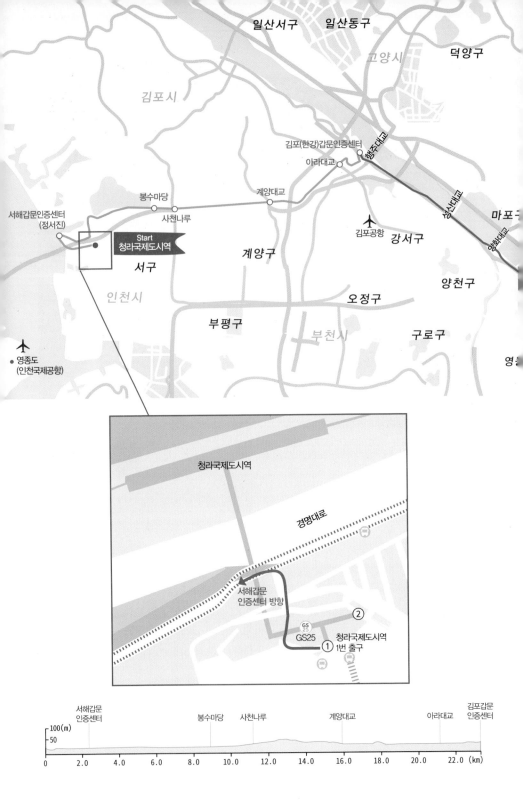

일산서구　일산동구

덕양구

고양시

김포시

행주대교

김포(한강)갑문인증센터

아라대교

봉수마당

서해갑문인증센터
(정서진)

사천나루

계양대교

Start
청라국제도시역

서구

계양구

김포공항

강서구

마포

양천구

오정구

영종도
(인천국제공항)

인천시

부평구

부천시

구로구

영

청라국제도시역

경명대로

서해갑문
인증센터 방향

GS25

②

① 청라국제도시역
1번 출구

| | 서해갑문
인증센터 | | 봉수마당 | 사천나루 | 계양대교 | | 아라대교 | 김포갑문
인증센터 |

100(m)
50

0   2.0   4.0   6.0   8.0   10.0   12.0   14.0   16.0   18.0   20.0   22.0 (km)

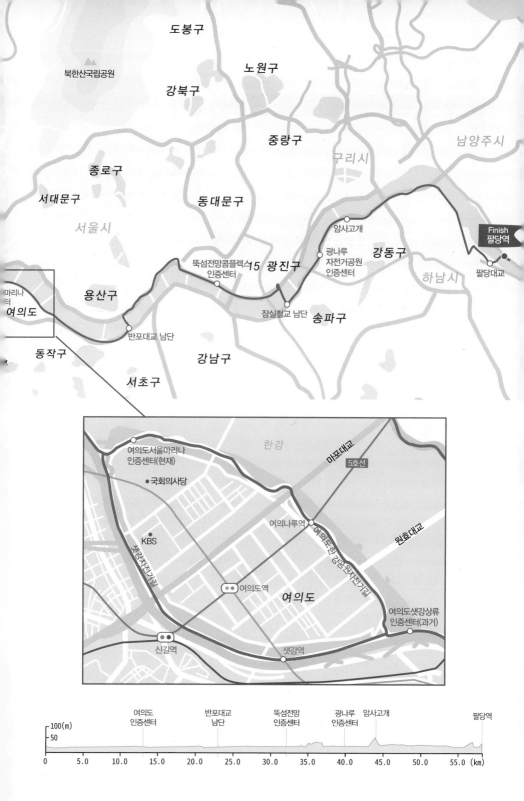

도봉구

북한산국립공원

노원구

강북구

중랑구

구리시

남양주시

종로구

동대문구

서대문구

서울시

마리나
여의도

용산구

뚝섬전망콤플렉스15 광진구
인증센터

암사고개

광나루
자전거공원
인증센터

강동구

하남시

Finish
팔당역

팔당대교

반포대교 남단

잠실철교 남단

송파구

동작구

강남구

서초구

여의도서울마리나
인증센터(현재)

한강

마포대교

5호선

국회의사당

여의나루역

원호대교

KBS

여의도역

여의도

신길역

샛강역

여의도샛강상류
인증센터(과거)

100(m)
50

여의도
인증센터

반포대교
남단

뚝섬전망
인증센터

광나루
인증센터

암사고개

팔당역

0   5.0   10.0   15.0   20.0   25.0   30.0   35.0   40.0   45.0   50.0   55.0 (km)

① 한강자전거길의 자전거 교통 요지 반포대교
잠수교. ② 남양주시 삼패지구 한강자전거길.

코스 접근

IN : 아라자전거길 서해갑문인증센터에서 가장 가까운 전철역은 공항철도 청라국제도시역이다. 서울역에서 출발 시 약 50분 정도 소요되며, 8번째 역에서 하차하면 된다. 청라역 출구는 경명대로를 건너가는 보행육교 지나서 있다. 공항철도는 휴일과 공휴일에는 전일 자전거 휴대승차가 가능하다. 평일에는 출퇴근 시간(8:00~10:00, 18:00~20:00)을 피하면 자전거를 휴대승차할 수 있다.

OUT : 한강자전거길 종료지점인 팔당대교 인근에 경의중앙선 팔당역이 있다. 국토종주 여행을 계속해서 이어가지 않는다면 이곳에서 복귀한다. 경의중앙선은 공휴일과 휴일에는 전일 자전거 휴대승차가 가능하지만, 평일에는 불가하다. 단속적으로 국토종주를 이어간다면 전철 점프가 불가한 평일을 피해서 움직여야 한다.

코스 일반

아라자전거길 구간 : 청라국제도시역에 도착하면 1번 출구로 빠져 나온다. 역을 등지고 오른쪽으로 이동해 역사 건물을 끼고 우회전해서 50m 정도 북측으로 이동하면 방금 건너온 '경명대로'와 나란히 조성되어 있는 자전거길로 진입할 수 있다. 이곳부터 서해갑문인증센터까지는 2km 거리다. 자전거 전용도로를 따라

서 안전하게 이동할 수 있다. 서해갑문에서 김포갑문까지는 편도 21km 거리다. 남측 자전거길을 따라서 이동하면 된다. 외길이라 길이 헷갈리지도 않고, 샛길로 빠질 염려 없이 갈 수 있다. 다만, 사천교에서 계양대교 사이 남측 자전거길 5km 구간은 보수공사로 기존 도로에서 우회하도록 안내되고 있다. 본래 자전거길은 수변과 비슷한 높이에 조성되어 있으나 우회도로는 경인운하 상단 높이에 마련되어 있다. 도로 폭은 더 좁고, 신호등으로 끊어지는 구간이 존재하지만 높은 곳에서 내려다보는 주변 풍경은 제법 시원스럽다. 이 공사는 2021년 11월 완료 예정이다.

한강자전거길 구간 : 김포갑문에서 출발하면 한강 남측의 자전거길을 따라서 동진하게 된다. 직선으로 거칠 것 없이 달리던 자전거길은 여의도 직전에서 갈림길과 만난다. 왼쪽은 여의 샛강을 따라가는 자전거길, 오른쪽은 여의도 한강공원을 따라가는 자전거길이다. 어느 쪽으로 진입해도 샛강 상류에서 다시 만나지만, 여의도마리나인증센터로 가려면 오른쪽으로 진입한다. 이후부터는 한강 남측 자전거길을 따라 계속 이동하면 된다. 만약, 한강 북측 뚝섬인증센터 인증까지 받고 싶다면 반포대교 횡단→뚝섬→잠실철교 횡단→광나루인증센터→팔당대교 순으로 진행하면 된다. 코스 아웃하는 팔당역은 팔당대교에서 빨리 내려

다보인다. 하지만 도로로 단절되어 있어 초행길이라면 찾아가는 길이 조금 헷갈린다. 팔당대교 북단에서 동쪽으로 500m 정도 이동하면 왼쪽으로 와부 제4공영주차장과 만난다. 이 주차장을 가로질러서 유턴하면 팔당역에 도착한다.

*헷갈리는 여의도인증센터 위치: 여의도인증센터는 원래 서울마리나 인근에 위치하고 있었다. 이런 이유로 여의마리나인증센터로 불리기도 했다. 샛강을 기준을 보면 하류 쪽에 자리잡고 있었는데, 2017년 인증센터가 동쪽으로 4km 정도 떨어진 63빌딩 인근 샛강 상류지점으로 이동했다. 문제는 2021년에 다시 서울마리나쪽으로 위치가 변경되었다는 것이다(상세도 참조). 심지어 안내표지판도 제각각이다. 샛강 하류 쪽에서는 샛강 상류로 안내하고, 반대쪽 샛강 상류 쪽에서는 여의마리나 쪽으로 안내하고 있어 혼란을 주고 있다. 상세도를 참조해 인증센터를 찾아가자.

난이도

아라자전거길과 한강자전거길 두 곳의 총 상승고도는 274m다. 국토종주자전거길 전 구간을 통틀어서 가장 평탄하고 오르막이 없는 구간이다. 아라자전거길은 아예 평지구간으로 보면 된다. 한강자전거길은 잠실철교와 팔당대교를 건너갈 때 암사고개를 통과할 때 짧은 오르막 구간이 있다.

주의구간

거의 대부분 구간이 자전거 전용도로를 통과한다. 안내표시도 잘 되어 있다. 안전한 코스지만, 역설적으로 휴일이면 많이 붐비는 위험한 코스이기도 하다. 자전거나 보행자와의 추돌에 항상 유의해야 한다. 한강자전거길의 제한속도는 시속 20km다. 자전거길이 붐빌 때는 이 정도 속도로 달려야 돌발상황에 대응할 수 있다. 속력은 다음 구간인 남한강자전거길부터 높여도 된다. 뒤로 갈수록 무주공산의 자전거길이 기다리고 있다.

보급 및 음식

국토종주자전거길 전 구간을 통틀어 가장 보급 사정이 좋은 구간이다. 한강자전거길에는 수km 간격으로 편의점이 있다. 상대적으로 편의시설이 부족했던 아라자전거길도 최근 몇 년간 보급 사정이 획기적으로 좋아졌다. 편의점과 음식점이 촘촘하게 들어선 것은 물론, 푸드 트럭도 자리잡고 있어 보급과 식사해결에 문제가 없다. 단, 서울의 동쪽 끝 암사고개를 넘어가면 팔당까지는 보급을 받을 곳이 전무하다. 강동대교 지나 가래여울마을에 식당이 몇 곳 영업한다. 자전거길 아래쪽에 위치하고 있는데, 팔당까지 식사를 해결할 수 있는 마지막 지점이다. **등나무집(☎ 02-429-1668, 강동구 아리수로93가길 250-8)**에서는 잔치국수나 파전 같은 간단한 요깃거리를 판다.

① 아라뱃길을 운행 중인 유람선. ② 강동대교 지나면 있는 가래여울마을 등나무집. ③ 강둑 위로 자전거길이 있는 하남시 미사리 구간.

남한강을 거슬러 국토종주를 향한 대망의 출발

국토종주2
(남한강자전거길 : 팔당~여주)
남양주·양평군·여주시

>> >> 남한강자전거길의 하이라이트 구간인 팔당~양수역을 지나가는 코스다. 중앙선 옛 철로에 자전거길을 조성해 양평까지는 연이어 터널을 지나간다. 양평에서 여주로 가는 길에 갑자기 나타나는 후미개고개를 제외하면 주변의 경관이나 난이도 모두 무난한 구간이다. 목적지인 여주를 지나면 보급이나 숙식을 해결할 만한 다음 도시는 충주가 된다. 충주까지 갈 예정이 아니라면 여주에서 아웃한다.

난이도 60점

코스 주행거리	64km(중)
상승 고도	314m(중)
최대 경사도	10% 이하(중)
칼로리 소모량	2,446kcal

접근성 32.6km 대중교통가능

├── 자전거 4.1km ──┤	├────── 중앙선 전철 28.5km ──────┤
반포대교	옥수역	팔당역

누적 소요시간 6시간 49분 당일 가능

가는 길	코스주행	오는 길
자전거 16분 전철 53분 총 1시간 9분	4시간 30분	버스 1시간 10분

국토종주의 첫번째 구간인 아라자전거길과 한강자전거길 서울 구간을 연이어서 달리면 편도로 약 81km 거리가 된다. 하루 종일을 꼬박 달려야만 간신히 서울의 경계를 벗어날 수 있는 셈이다. 팔당대교부터는 남한강자전거길이 시작된다. 남한강을 따라서 팔당에서 충주 탄금대까지 이어지는 길이 132km의 자전거 코스다. 남한강자전거길은 한 번에 이어 달리기에는 부담스러운 거리다. 중간에 여주라는 도시를 지나가기 때문에 이곳을 기점으로 코스를 나눠 2회에 걸쳐 종주하는 것이 일반적이다. 여주까지는 고속버스가 수시로 운행되고, 경강선 전철도 있어 출발지로 되돌아 오기에 편리하다.

팔당에서 여주까지 가는 국토종주 2일차 구간의 의미는 특별하다. 익숙함에서 낯섦으로, 일상에서 여행으로 변환되는 과정을 거치기 때문이다. 국토종주에 나설 정도의 동호인이라면 진작에 아라자전거길이나 한강자전거길은 달려봤을 것이다. 만약 어디서 출발하는가 보다 낯선 길에서 느끼는 여행의 설렘이 더 중요하다고 생각한다면 평소 자주 가던 아라자전거길이나 한강자전거길은 생략하고 덕소나 팔당으로 점프한 뒤에 국토종주를 시작하는 것도 좋다.

덕소에서 국토종주를 향한 첫 걸음을 시작한다. 팔당역에서 양평역까지는 중앙선 폐선으로 구간을 따라서 자전거길이 잘 꾸며져 있다. 서울에서 접근성도 좋아 항상 자전거족들로 붐비는 구간이다. 한강 남단에서 팔당대교를 넘어오는 접근성도 좋아졌다. 능내리 인근 자전거길에서 내려다보이는 팔당호는 평화롭다. 양수리로 넘어가는 양수철교의 철제난간도 인상적이다.

남한강자전거길 팔당댐에서 능내역 구간의 라이더들. 남한강자전거길에서 가장 아름다운 구간이다.

① 능내역인증센터. ② 여주 이포보. 남한강자전거길에서 첫번째로 만나는 보다. ③ 정상에서 내려다본 후미개고개.

양평읍을 지나면 분위기가 확 바뀐다. 라이더로 번잡하던 자전거길은 양평읍을 지나자 신기하게도 인적이 뚝 끊긴다. 강변도 고요해진다. 아마도 서울에서 출발한 라이더들의 당일 나들이 최종 목적지가 양평읍이기 때문일 것이다. 양평읍부터는 국토종주를 나선 라이더들만의 고독한 라이딩이 시작된다.

전원주택과 자연이 어울려 만든 평화로운 분위기를 즐기며 남한강을 따라 달리는 것도 잠시, 길은 강변에서 멀어지기 시작하면서 일반 도로로 연결되며 업힐이 시작된다. 바로 후미개고개다. 예상치 못한 업힐 구간이라 더욱 힘들게 느껴진다. 부산까지 잘 닦인 자전거길이 이어질 것이라 상상하고 이곳까지 온 초행길의 라이더라면 멘붕을 일으킬 게 분명하다. 그러나 후미개고개는 앞으로 만나게 될 낙동강자전거길이 어떨지를 미리 알려주는 복선 같은 곳이다. 국토종주에는 이보다 더한 업힐이 기다리고 있다.

후미개고개를 넘어서면 여주까지 더 이상의 업힐은 없다. 자전거길은 고속도로 같이 뻥 뚫렸다. 자전거길은 남한강을 따라서 이포보와 여주보를 지나 여주시내까지 쭉쭉 뻗어 있다. 국토종주 첫날 여정은 여주에서 마무리한다.

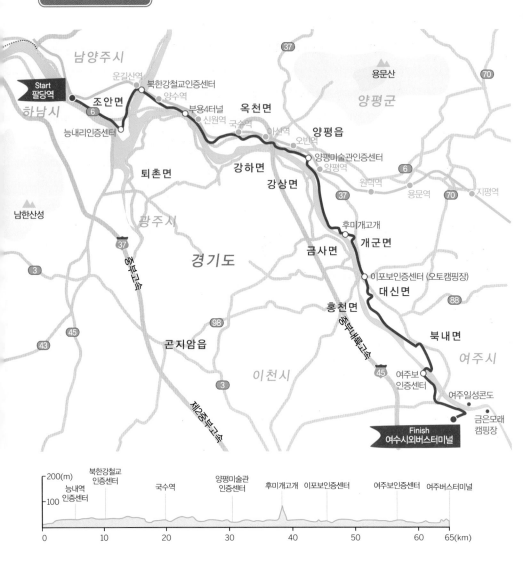

코스 접근

반포대교에서 출발한다면 옥수역에서 중앙선을 타고 팔당역까지 이동하는 것이 편리하다. 13개 역을 지나가며 약 53분 소요된다. 중앙선은 주말에는 자전거를 실을 수 있다. 맨 앞과 뒤 칸에 자전거를 적재할 수 있는 전용객차가 운행된다.

코스 가이드

팔당역에서 출발해서 여주까지 70km에 이르는 남한강변을 따라 달리는 구간이다. 초반에는 중앙선을 따라서 양평역까지 나란히 달리다가 양평을 벗어나면서 중앙선과 멀어진다. 여주 구간에서 업힐은 후미개고개 한 곳이다. 이포보와 여주보, 2개의 보를 지난다.

① 여주에 있는 일성남한강콘도. ② 남한 강자전거길 인근 신원리부녀회식당의 잔치국수. ③ 여주종합터미널.

코스 아웃

여주종합터미널(☎ 031-882-9596)에서 강남고속버스터미널로 수시로 버스가 운행된다. 1시간 10분 소요되며, 성인 편도요금은 7,200원.

난이도

양평까지는 경사가 전혀 없는 평지 구간을 주행한다. 양평읍을 지나 앙덕리에 접어들면 후미개고개와 만난다. 이 고개는 약 10% 경사도의 업힐이 1km 정도 이어지는데, 한 번에 길게 치고 올라가기 때문에 더욱 힘들게 느껴진다. 이곳만 넘어가면 여주까지 더 이상 업힐은 나오지 않는다.

보급 및 식사

팔당에서 양평까지는 보급과 식사를 해결할 만한 곳이 곳곳에 있다. 특히, 자전거길 옆으로 간이음식점들이 있다. 양평에서 여주 구간에도 몇 곳에 보급과 식사를 할 수 있는 곳이 있다. 후미개고개를 넘어가면 만나는 개군면소재지는 개군순대국으로 유명한 곳이다.

이포보가 있는 여주 천서리는 유명한 천서리막국수집이 몰려 있다. 이포보와 여주보 좌안에는 편의점이 있어 물이나 간식을 보급할 수 있다. 팔당역 지나 폐 철교를 활용한 자전거길이 시작되는 조개울 부근에는 초계국수 식당이 몇 곳 모여 있다. 무더운 여름에 살얼음 떠있는 육수와 함께 먹는 닭국수는 더위를 날려주는 별미 중의 별미다.

숙소

여주시내에서 자전거도로와 인접한 숙소들이 있다. **일성남한강콘도**(☎ 031-883-1199, 여주시 신륵로 5)는 여주 유일의 콘도미니엄으로 여주대교 건너편에 위치해서 접근성이 좋다. 단체나 가족단위 여행객에게 추천한다. **썬밸리호텔**(☎ 031-880-3889, 여주시 강변유원지길 45)은 금은모래유원지 바로 옆에 있는 특급호텔로 워터파크도 운영한다. **금은모래캠핑장**(여주시 연양동 304-3 일원)은 자전거길과 인접한 곳에 있는 캠핑장이다. 우리강 이용도우미 웹사이트에서 예약할 수 있다.

남한강자전거길의 진수

국토종주3

(남한강·새재자전거길:여주~수안보)

여주시·원주시·충주시

>> >> 남한강자전거길 상류를 거슬러 영남을 향해 가는 구간이다. 충주 시내를 통과하는 것을 제외하면 인적이 뜸한 오지를 지난다. 도시에서 멀어지는 만큼 주변 풍경도 그만큼 아름답다. 다만, 식사와 보급은 만만치 않다. 운행 계획을 잘 세우고 간식이나 물도 넉넉히 준비하자. 교통편이 여의치 않으면 수안보까지 가지 말고 충주에서 아웃하는 것도 방법이다.

난이도	60점	30점
	여주~충주	충주~수안보
코스 주행거리	69km(중)	28km(하)
상승 고도	342m(중)	172m(하)
최대 경사도	10% 이하(중)	5% 이하(하)
칼로리 소모량	2,496kcal	970kcal

접근성 **85km** 대중교통 가능

├─────────── 고속버스 85km ───────────┤
○　　　　　　　　　　　　　　　　　　　　　　　○
강남고속버스터미널　　　　　　　　　　　　여주공용버스터미널

소요시간	7시간 35분 (충주까지)	9시간 35분 (수안보까지)
가는 길 버스 1시간 15분	코스주행(편도) **충주 4시간** **수안보 6시간**	오는 길 버스 2시간 20분

여주에서 충주에 이르는 70km의 자전거길은 남한강자전거길의 상류 구간에 해당된다. 이곳부터는 인적이 드물어지고 주변의 풍경도 목가적으로 바뀌면서 수도권을 벗어나 본격적으로 국토종주길에 접어들었음을 느끼게 된다. 풍경과 분위기가 전원적으로 바뀌면서 한껏 여행 기분에 들뜨게 되기도 하지만, 전원지역을 라이딩하는 까닭에 보급이나 식사해결 같은 민생고에 시달리기 시작한다. 출발지인 여주에서 식사를 해결하고 식수와 에너지바 같은 간식을 넉넉하게 준비해야 된다.

여주~충주 구간부터 자전거길은 종종 자전거 전용도로를 벗어나서 일반 도로를 달리는 경험을 하게 된다. 일반적으로 종주여행자들은 자전거길이 강변 하천부지를 따라서 부산까지 이어져 있을 것이라 생각하는데, 반은 맞고 반은 틀리다.

만약 팔당에서 출발해서 연속으로 라이딩을 이어간다면 국토종주 2일째다. 전날이 몸풀기였다면 2일째부터는 본격적으로 장거리 라이딩에 적응해야 되는 시기다. 또 어디까지 갈 것인지도 정해야 한다. 일반적으로 구간을 나눌 때는 숙식을 해결할 수 있는 도시를 목적지로 삼는데, 충주까지는 70km, 수안보까지는 100km정도를 주행해야 한다. 체력이 받쳐준다면 가능한 수안보까지 가기를 추천한다. 그 이유는 다음 구간에서 소치령과 이화령이라는 업힐이 기다리고 있기 때문이다.

여주시내를 출발해 이름도 예쁜 금은모래유원지를 지나면 강천보에 도착한다. 이곳에서 남한강을 건너간 자전거길은 굴암마을로 진입한다. 그 후 남한강과 멀어지며 영동고속도로 옆을 나란히 달리며 창남이고개를 넘어간다. 고개를 넘어온 자전거길은 섬강을 따라 가다 다시 남한강과 만난다. 이 구간이 여주~충주 코스 중 가장 경관이 멋진 곳 중 한 곳이다.

① 강천섬의 자전거길. 강천섬을 잠시 들어왔다 나오도록 코스가 만들어져 있다.
② 가야지구 인근의 남한강자전거길.

강천보의 자전거도로 연결부. 급경사 지역으로 자전거를 끌고 내려가야 한다.

여주시내를 출발해 20km 가면 부론면에 도착한다. 이름도 생소한 이 지역은 강원도, 경기도, 충청도가 만나는 경계다. 면 소재지에 음식점이 몇 곳 있어 식사와 보급을 해결할 수 있다.

부론면을 출발해 다시 한강을 거슬러 충주를 향해 달린다. 자전거도로와 일반 도로를 번갈아 달리며, 남한강과 붙었다가 떨어지기를 반복한 뒤에야 충주에 도착한다. 충주에서 가장 먼저 들린 곳은 인증소가 위치한 탄금대공원이다. 이곳에서 132km의 남한강자전거길은 끝난다. 그리고 다시 이곳을 시발점으로 100km의 새재자전거길이 시작된다. 새재자전거길은 백두대간 이화령을 넘어 낙동강자전거길과 만날 때까지 이어진다.

충주에서 수안보까지는 달천을 따라서 달린다. 달천은 토계리에서 새재자전거길과 잠시 헤어졌다가 상류지역에서 오천자전거길과 다시 만난다. 새재자전거길은 충주시내를 벗어나면서부터는 잘 정리된 넓은 강이 아닌, 좁은 하천을 따라간다. 이 때문에 주변의 풍경이 운치 있게 변한다. 수안보는 천 년 전부터 이름난 온천여행지다. 수안보인증센터 바로 옆에는 족욕을 할 수 있는 노천온천이 있다. 종아리에 쌓인 피로를 풀고 가라는 배려다.

① 충주에서 수안보 사이에 있는 수주팔봉. 일제시대 인위적으로 물길을 내 작은 폭포가 생겼다.
② 탄금대인증센터

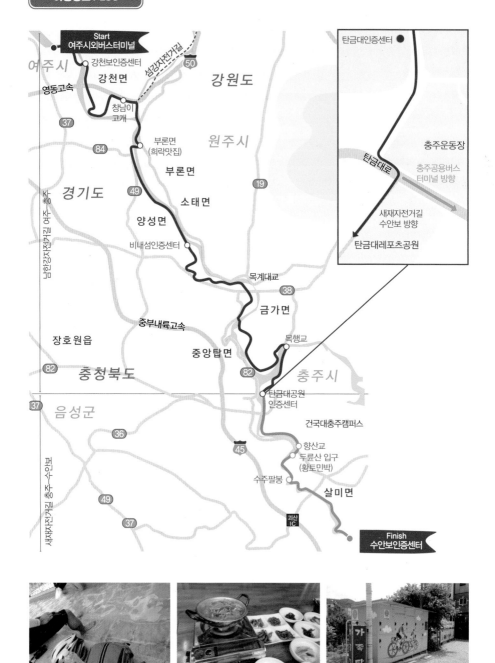

탄금대인증센터

Start
여주시외버스터미널

여주시

강천보인증센터

강천면

섬강자전거길

50

강원도

영동고속

충주운동장

충주공용버스
터미널 방향

37

창남이
고개

부론면
(희락맛집)

원주시

84

탄금대로

경기도

49

부론면

소태면

19

양성면

비내섬인증센터

새재자전거길
수안보 방향

탄금대레포츠공원

중부내륙고속

목계대교

38

금가면

장호원읍

중앙탑면

목행교

82

82

충청북도

충주시

37

음성군

탄금대공원
인증센터

건국대충주캠퍼스

36

45

향산교
두릉산 입구
(황토민박)

49

수주팔봉

살미면

37

괴산
IC

Finish
수안보인증센터

① 수안보인증센터 인근의 무료 족욕탕. ② 부론면 희락맛집의 두부전골.
③ 수안보 바이크텔(성시스파호텔)에 설치되어 있는 자전거 보관함.

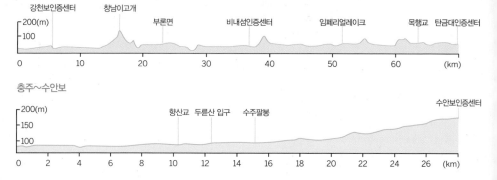

여주∼충주

강천보인증센터　창남이고개　부론면　비내섬인증센터　임페리얼레이크　목행교　탄금대인증센터

200(m)
100

0　10　20　30　40　50　60　(km)

충주∼수안보

수안보인증센터

향산교　두륜산 입구　수주팔봉

200(m)
150
100

0　2　4　6　8　10　12　14　16　18　20　22　24　26　(km)

코스 접근

강남고속버스터미널에서 여주종합터미널로 수시로 고속버스가 운행된다. 1시간 10분 소요되며, 요금은 7,200원. 2016년 판교와 여주를 연결하는 경강선 전철이 개통되면서 여주까지 전철로도 점프가 가능해졌다. 단, 신분당선은 주말에도 일반 자전거의 휴대탑승이 불가하다. 따라서 수인분당선을 이용해서 이매역에서 환승한다.

코스 가이드

여주에서 강천리까지는 잘 닦여진 자전거도로를 따라 이동하다가 일반 도로 구간으로 빠져 나와 창남이고개를 넘어간다. 충주로 진입한 이후에는 남한강자전거길이 끝나고 새재자전거길이 시작되는데, 탄금대공원을 빠져나오면 횡단보도를 건너서 탄금대레포츠공원을 좌측에 끼고 직진해야 한다(안내도 참조). 충주에서 4대강 종주 인증을 받으려면 충주댐인증센터로 가야 한다. 국토종주 종주자는 고민에 빠지게 되는데, 국토종주가 목적이라면 충주댐에서 인증을 받지 않아도 된다.

코스 아웃

충주에서는 강남고속버스터미널로 수시로 고속버스가 운행한다. 일반버스 요금은 9,000원이며, 1시간 50분 소요된다. 수안보시외버스정류소에서 하루 3번 (13:40, 14:40, 16:40) 동서울버스터미널행 시외버스

가 출발한다. 요금은 1만4,700원이며, 2시간20분 소요된다.

난이도

여주∼충주 구간에서 최대 업힐은 출발 후 16km 지점에서 만나는 창남이고개다. 해발 160m의 고개를 넘어가는데, 이후에는 간간히 만나는 작은 언덕을 제외하고 평지 구간이다. 충주∼수안보 구간은 완경사 오르막이지만 오르막이라고 느끼지 못할 정도로 경사도는 미미하다.

보급 및 식사

여주에서 충주 사이에는 부론면을 제외하고 면 소재지 이상의 거주지역을 통과하지 않는다. 부론면에 식당이 몇 곳 있는데, 그 중 **희락맛집**(☎ 033-732-8733, 강원도 원주시 부론면 법천리 1555)은 두부전골과 추어탕이 대표메뉴다. 충주를 빠져 나와 수안보로 가는 길목 유주막삼거리에 있는 원조중앙탑막국수(☎ 043-848-5508)도 국토종주자들이 즐겨 찾는 맛집이다. 막국수 9,000원.

숙소

수안보는 이름난 온천여행지다. 온천탕을 비롯해서 모텔, 호텔, 콘도 등의 다양한 숙박시설을 이용할 수 있다. 국토종주자전거길에서 숙소 선택의 폭이 가장 넓다.

물빛 푸른 탄금호 비경 따라

탄금호자전거길 | 충주시

>> >> 국토 중앙에 위치한 충주는 자전거 여행지로도 요충지다. 남한강자전거길과 새재자전거길이 이곳에서 나뉜다. 남한강자전거길 종착점은 충주댐이다. 반면, 국토종주를 위한 새재자전거길은 탄금대에서만 인증을 받으면 된다. 남한강자전거길 마저 인증을 받고 가면 좋겠지만, 국토종주 중에는 목행교에서 충주댐까지 15km 추가 라이딩이 쉽지 않다. 이 코스는 벚꽃 피는 사월을 위해 남겨두자. 탄금호를 한 바퀴는 도는 라이딩은 그것 만으로도 충분히 가치가 있다.

난이도	40점	코스 주행거리		24Km(하)	
		상승 고도		229m(하)	
		최대 경사도		10% 이하(중)	
		칼로리 소모량		638kcal	
코스접근성 대중교통 가능	130km	고속버스 130km ○────────────────────○ 센트럴시티　　　　　　　　　충주고속버스터미널			
소요시간 당일 가능	5시간 59분	가는 길 버스 1시간 50분 자전거 6분 총 1시간 56분	코스 주행 2시간 7분	오는 길 자전거 6분 버스 1시간 50분 총 1시간 56분	

충주는 한반도의 중앙에 위치한 도시다. 탄금호에 있는 중앙탑이 그 증거다. 충주는 또 남한강자전거길과 새재자전거길을 잇는 길목이기도 하다. 남한강자전거길 라이딩을 끝낸 여행자들은 이곳에서 백두대간 이화령을 넘는 고된 새재자전거길로의 여정을 시작한다. 그러나 충주는 잠깐 스쳐지나기에는 너무 아쉬운 도시다. 충주를 포근하게 감싸 안은 탄금호는 춘천 의암호와 함께 호반 라이딩의 성지다. 또 남한강자전거길 마지막 인증센터가 충주댐에 있어 남한강자전거길 구간 인증과 4대강 자전거길 종주 인증을 달성하려면 이곳도 인증도장을 받아야 한다. 따라서 갈길바쁜 국토종주 중에 이곳을 놓쳤다면 하루쯤 시간내서 탄금호자전거길을 달려보자.

탄금호는 충주댐을 보조하는 조정지댐 건설로 생긴 인공호수다. 본래는 조정지호로 불렸으나 신라의 악성 우륵이 가야금을 연주한 탄금대가 있어 탄금호라 바뀌었다. 탄금호를 따라 중앙탑을 비롯한 명소가 있다. 호수를 한바퀴 도는 순환자전거길도 만들어졌다. 탄금호자전거길은 충주댐에서 조정지댐까지 전체를 한 바퀴 돌면 43km 거리다. 남한강과 국토종주자전거길이 나뉘는 목행교를 기점으로 충주댐만 찍고 오는 코스는 24km다. 이 책에서는 남한강자전거길과 겹치지 않는 24km 코스를 소개한다.

4월이면 벚꽃이 만발하는 탄금호자전거길.

① 탄금대인증센터에 있는 탄금호자전
거길 안내도. ② 남한강자전거길이 끝
나고 새재자전거길이 시작되는 탄금대
인증센터. ③ 탄금대인증센터에 있는
국토종주 안내 마일 포스트.

코스의 반환점이 되는 곳은 충주댐이다. 남한강자전거길 마지막 인증센터도 이
곳에 있다. 충주댐 자체도 충분한 볼거리를 제공한다. 충주댐은 국토종주를 하며 마
주했던 여러 댐 중에서도 압도적인 규모를 자랑한다. 충주댐은 높이 97m 길이 447m
로 우리나라 최대 규모의 콘크리트 중력댐이다. 역시 최대 규모를 자랑하는 소양댐
과 규모 면에서 쌍벽을 이루는데, 저수용량은 소양댐, 저수면적은 충주댐이 크다.

충주댐은 벚꽃길이 아름답기로 소문났다. 특히 탄금호 왼쪽으로 난 벚꽃길이 아
름답다. 매년 봄이면 벚꽃 만개에 맞춰 벚꽃축제가 열릴 정도로 이름났다. 과거에는
좁은 도로를 자동차와 공유하며 아슬아슬하게 라이딩을 해야 했다. 하지만 지금은
조동천 합수부에서 충원교까지 구간에 별도의 데크길이 만들어지면서 한결 여유롭
게 라이딩에 집중할 수 있게 되었다.

탄금호자전거길의 반환점은 충원교다. 이곳까지 왔다면 충주댐 상단으로 올라
가보자. 약간의 오르막을 거쳐 댐의 상단으로 갈 수 있다. 정상에서 내려다보이는 주
변의 풍경이 호방하다. 탄금호자전거길은 이곳에서 끝난다. 그러나 청풍호자전거길
은 여기서 시작된다. 호수를 계속 따라 가면 제천까지 갈 수 있다. 또 충주호를 크게
한 바퀴 돌아 다시 충주댐으로 돌아오는 험난한 코스도 있다.

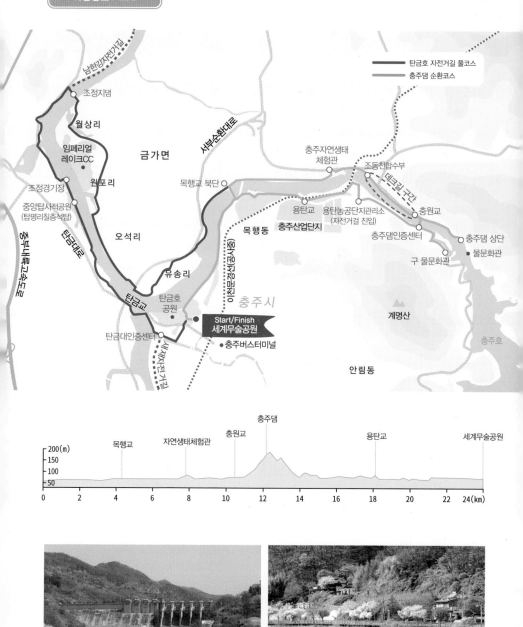

① 탄금호자전거길 반환점 충주댐. ② 충주댐으로 가는 자전거길과 벚꽃터널.

코스 접근

서울 강남고속버스터미널에서 충주종합터미널까지 30분 간격으로 버스가 운행된다. 첫차는 06:00에 있다. 소요시간은 1시간 50분, 요금은 우등버스 1만3,200원이다. 동서울터미널에서도 충주터미널로 가는 버스가 30분 간격으로 있다. 탄금호를 한 바퀴 도는 순환코스라서 자가용을 이용하는 것도 방법이다. 탄금대인증센터가 있는 충주세계무술공원 주차장(무료)을 이용하면 편리하다. 주변에 편의점과 화장실 같은 편의시설이 있다. 충주종합터미널에서 충주세계무술공원까지는 1.6km 거리다.

코스 가이드

탄금호자전거길 풀코스는 세계무술공원에서 시작해 시계방향으로 돈다. 중앙탑공원~조정지댐~목행교~충주댐~목행교~세계무술공원으로 돌아온다. 세계무술공원에서 나와 횡단보도를 건너 새재자전거길 방향으로 향한다. 하방교를 건너기 전에 길이 갈린다. 새재자전거길은 하방교를 건너가고, 탄금호자전거길은 서쪽으로 주행한 다음 탄금교를 건너간다. 조정지댐을 건너면 호수에서 멀어져 약간의 공도 주행을 하지만, 길 찾기에 어려움은 없다. 오석초등학교 부근에서도 호수와 잠시 멀어진다. 전체 거리는 43km. 2시간 30분 내외면 일주할 수 있다.

국토종주 시 미처 달리지 못한 남한강자전거길 마지막 구간만 달리려면 세계무술공원에서 시계 반대 방향으로 간다. 남한강자전거길을 따라 서울 방향으로 3.6km 가면 목행교다. 목행교를 건너 호숫가로 난 자전거길을 따라간다. 강변을 따라서 시원스럽게 자전

① 충원교를 건너는 라이더와 충주댐.
② 벚꽃이 만발한 탄금호자전거길.
③ 중앙탑으로 불리는 국보 제6호 탑평리칠층석탑.

거길이 이어진다. 충주자연생태체험관에서 잠시 강과 멀어졌던 자전거길은 조동천 합수부를 지나면서 강변에 조성된 데크 길을 따라 달린다. 데크 길은 반환점인 충원교 부근에서 종료된다.

충주댐 상단으로 올라가는 길은 강 양쪽에 다 있다. 지도 앱에서는 우안을 따라가도록 안내되지만 좌안으로 오르는 것이 좋다. 우안에 있던 물문화관은 2017년도에 댐 좌안으로 이전했다. 벚꽃은 물론이고 정상에서 바라보이는 풍경도 좌안이 훨씬 좋다. 댐에서 내려온 다음에는 충원교를 건너 맞은편 자전거길을 따라서 출발지로 되돌아간다. 벚꽃길이였던 반대쪽과 달리 이쪽은 충주일반산업단지를 통과한다. 자전거길 주변 풍광도 건너편이 한 수 위다. 목행교를 지나 갔던 길을 되밟아 돌아오면 라이딩이 마무리 된다.

난이도

세계무술공원에서 충주댐만 갔다오는 하프 코스의 총 상승고도는 229m가 나온다. 충주댐 정상으로 오르는 구간을 제외하면 대부분 평지구간을 달린다. 댐 구간을 생략한다면 초보자도 무리가 없다. 특히 조동천 합수부에서 충원교까지 데크길이 만들어져서 자전거 타기가 더욱 좋아졌다. 전 구간 자전거 전용도로를 이용하며, 안내표시도 있다.

주의구간

코스 대부분이 자전거도로다. 일반 공도 구간에도 차량 통행이 별로 없어 라이딩에 큰 무리가 없다. 탄금대인증센터에서 목행교 구간은 고수부지에 조성한 자전거도로를 이용하는데, 2021년 7월 현재 이천-문경선 철도공사 관계로 고수부지 자전거도로가 막혀 있다. 아래쪽으로 진입하지 말고 위쪽 뚝방길을 따라 목행교까지 이동해야 한다. 충주댐에서 되돌아올 때도 일부 자전거도로가 통제되고 있다. 기존 진입로에서 700m 정도 일반 공도를 따라 주행하면 오른쪽에 용탄농공단지 관리소로 들어가는 도로가 나온다. 이 길로 진입하면 다시 자전거길과 만나게 된다.

보급 및 식사

충주시내를 순환하는 자전거 코스지만 의외로 보급이나 식사를 해결할 만한 곳이 제한적이다. 하프 코스는 반환점이 되는 충주댐 인근에 식당이 모여 있다. 이곳의 대표 메뉴는 송어회다. 자전거길과 인접해 있는 **조리터명가(☎** 043-851-6523, 충주시 동량면 지등로 463)는 송어회(1kg 3만3,000원)를 시키면 서더리매운탕이 딸려 나온다. 탄금호를 한바퀴 도는 풀코스를 따른다면 중앙탑공원 입구에 몰려 있는 막국수집들을 이용할 수 있다. **중앙탑막국수(☎** 043-846-5508, 충주시 중앙탑면 중앙탑길109)는 편육 대신 메밀가루로 튀김 옷을 입힌 메밀치킨을 판매한다. 메밀막국수(9,000원)와 오묘한 조합을 이룬다.

여행정보

탄금대는 달천과 남한강이 만나는 합수부에 있다. 신라시대 악성 우륵이 가야금을 탔다는 전설에서 유래된 충주의 대표적인 명승지다. 또 임진왜란 때 신립장군이 이곳에서 배수의 진을 치고 왜적과 싸웠던 곳이다. 인증센터 옆 계단을 따라 올라가면 탄금대공원에 다녀올 수 있다. 충주조정경기장과 맞닿은 곳에 중앙탑사적공원이 있다. 이곳에는 국보 제6호인 탑평리칠층석탑(중앙탑)이 있다. 통일신라시대 세워진 석탑으로 한반도 동쪽과 서쪽 끝에서 출발한 사람이 만난 지점에 세운 탑이란 전설이 있다. 인근 용전리에는 국보 제205호 중원고구려비가 있다. 중앙탑과 중원고구려비는 충주가 국토의 정중앙이라는 사실을 뒷받침해준다.

① 중앙탑막국수의 메밀치킨. ② 조리터 명가의 송어회 차림.

백두대간을 넘어 영남의 품으로 들다

국토종주4
(새재자전거길 : 수안보〜상주)

충주시·괴산군·문경시·상주시

>> >> 백두대간을 넘어 영남으로 가는 구간이다. 이화령을 넘으면 낙동
강 수계를 따라 부산으로 향하게 된다. 두 곳의 고개를 넘어가는 길은
멀고 힘들지만 도로 상태와 경사도는 생각보다 무난한 구간이다. 백두
대간을 통과하는 코스라 강변을 따라 달리는 코스와는 또 다른 매력이
있다. 국토종주자전거길의 중간 하이라이트 구간이다.

난이도   **80**점

코스 주행거리	78km(상)
상승 고도	723m(상)
최대 경사도	10% 이하(중)
칼로리 소모량	1,925kcal

접근성   **149**km 대중교통 가능

←── 자전거 13km ──→	←─────── 고속버스 136km ───────→
반포대교 동서울버스터미널	수안보시외버스정류장

소요시간   **9**시간 **10**분

가는 길	코스 주행
자전거 50분	6시간
버스 2시간 20분	
총 3시간 10분	

새재자전거길 수안보~상주 구간은 80km의 거리다. 국토종주 구간 최고 업힐인 소조령과 이화령을 넘어가는 구간이다. 령(嶺)은 큰 고개를 이르는 한자다. 따라서 일단 지명에 '령'이 붙어 있다면 산맥을 넘어가는 수준의 큰 업힐을 떠올리면 된다.

그중에서도 이화령은 인문, 지리, 역사적으로 남다른 의미를 갖고 있는 곳이다. 우리 국토의 척추 격인 백두대간을 넘어가는 큰 고개로, 충청지역의 한강문화권과 영남지역의 낙동강문화권을 가르는 경계이자 소통의 통로였다. 해발 374m의 소조령과 530m의 이화령을 넘어가야하기 때문에 국토종주 자전거 여행자에게는 최대 난코스이기도 하다. 초보자들에게는 도전의 대상이자 거대한 벽 같은 두려움을 안겨주기도 한다. 그렇지만 너무 걱정할 필요는 없다. 고도가 높고 업힐이 길지만 경사도가 센 구간은 아니다. 체력을 요하는 구간이지 기술을 요구하는 구간이 아니기 때문에 초보자라 할지라도 체력안배와 여유만 갖는다면 충분이 넘어갈 수 있다. 오히려 낙동강자전거길에서 불쑥불쑥 만나는 업힐이 라이더를 더욱 멘붕에 빠트리게 한다.

새재자전거길은 다른 종주 구간의 자전거길과는 다른 분위기와 풍경을 보고 느낄 수 있다. 강이 아닌 산을 넘어가는 코스라서 그렇다. 주변의 아기자기한 풍경과 인근 마을을 가까이서 볼 수 있어 더욱 기억에 남는다. 수안보에서 출발한지 얼마 되지 않아 소조령으로 올라가는 업힐이 시작된다. 이 구간은 일반 도로인 새재로를 따라 자전거길이 만들어져 있다. 바로 옆으로 3번 국도를 따라 소조령을 관통하는 터널이 생기면서 차량통행이 거의 없는 옛길

① 이화령 업힐을 올라오는 라이더들. 옛길 양 옆으로 자전거도로를 만들어났다. ② 소조령과 이화령 중간에 있는 원풍리 마애불상. ③ 이화령 휴게소에서 내려다본 풍경.

상주 경천대 관광지 진입도로. 경천대로 올라가려면
급경사 구간을 통과해야 한다.

이 됐다. 약 3km 거리의 업힐이 이어지는데, 서울 남산, 북악 코스 정도의 오르막이다. 부지
런히 페달을 밟으면 어느새 조령 관문으로 들어가는 갈림길이다. 이곳이 소조령 정상이다.

소조령을 넘어서면 조령산 자락을 따라 다운힐이 시원하게 이어진다. 이어서 연풍면 행
촌교차로에 도착한다. 이곳에서 오천자전거길이 갈라져 나간다. 오천자전거길을 따라 가면
충북을 관통해 세종시 합강공원에서 금강자전거길과 만난다. 또 이곳에서 이화령으로 가는,
국토종주자전거길의 최대 업힐이 시작된다.

행촌교차로에서 이화령까지 거리는 5km다. 자전거길은 끝없이 산자락을 휘감으며 정상
을 향해서 올라간다. 바닥에 그려진 이정표만이 이화령까지 남은 거리를 알려줄 뿐, 고된 고
행의 업힐에 아무 생각도 나지 않는다. 차 한 대 지나가지 않는 도로에서 라이더들은 자신과
의 힘겨운 싸움을 벌이면서 점점 고도를 높인다. 그렇게 몇 번을 가다 서다를 반복하면 이화
령 정상에 도착한다. 백두대간을 넘는 고갯마루에 선 것이다.

이화령을 넘어가면 문경까지는 순식간이다. 문경부터는 조령천, 영강을 따라가다 낙동
강과 만난다. 험난했던 새재자전거길은 끝나고 상주 상풍교인증센터부터 낙동강자전거길이
시작된다. 이제 낙동강을 따라 영남을 관통하는 일만 남았다.

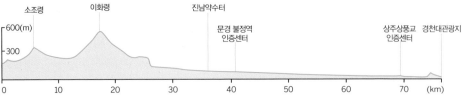

① 문경새재맛집의 순두부백반. ② 상주상풍교인증센터 인근의 민박집.
③ 레일바이크 역으로 이용되는 문경불정역의 모습.

코스 접근

동서울버스터미널에서 수안보시외버스정류장으로 버스가 운행된다. 요금은 1만4,700원이며, 2시간 30분 소요된다. 자가용은 영동과 중부내륙고속도로를 이용해 괴산 IC로 나와 수안보 방면으로 간다.

코스 가이드

일반 도로를 통해서 소조령과 이화령을 넘어간다. 이후에는 다시 조령천과 영강을 따라가다가 낙동강과 만나게 된다. 새로 시작된 낙동강자전거길은 경천대관광지와 상주보를 지나가지만 상주시내로 진입하지는 않는다. 새재자전거길과 낙동강자전거길이 만나는 상주상풍교에 인증센터가 있다. 이곳에서 낙동강자전거길의 시작점인 안동댐인증센터까지는 약 65km 떨어져 있다. 충주댐인증센터와 마찬가지로 안동댐인증센터의 인증을 생략해도 국토종주 인증은 된다.

난이도

수안보에서 출발과 동시에 3km의 소조령 업힐, 5km의 이화령 업힐을 넘어간다. 일반 도로를 주행하는 구간이지만 차량통행량은 거의 없으며 최대 경사도가 10%를 넘지 않기 때문에 체력적인 부담을 제외하면 라이딩 자체가 부담스러운 구간은 아니다. 상주 인근에서는 경천대관광지를 앞두고 급경사 구간을 추가로 통과해야 한다.

보급 및 식사

이화령인증센터와 문경읍에서 식사와 보급을 해결할 만한 식당, 매점들이 있다. 문경 진남역 인근에는 진남약수터가 있어 식수를 보급할 수 있다. 이화령 넘어 문경읍 초입 자전거길 바로 옆에 있는 **문경새재맛집(☎ 054-571-9672, 문경시 문경읍 진안리 203)**은 순두부백반(7,000원)이 맛있다.

숙소

상주상풍교인증센터에서 상주시내까지는 11km 거리다. 이전에는 자전거길에 숙소와 식당이 없어 불편했지만, 최근 민박집 세 곳이 경쟁적으로 영업을 하면서 사정이 좋아졌다. 인증센터에는 손님 픽업을 위해 민박집에서 순번을 정해 번갈아 가며 나와 있다. 공동으로 방을 사용하고 저녁과 아침식사를 포함해서 4만원 정도의 요금을 받는다. 인증센터 300m 거리에 민박집이 한 곳 있고, 하류 낙단보와 중동교쪽에 있는 민박집에서는 트럭으로 점프를 시켜준다. 자전거 대수와 상관없이 만원을 받는다. **상풍교한옥게스트하우스(☎ 010-7979-7181), 낙단보들꽃자전거민박(☎ 010-6206-1042), 상주보자전거민박(☎ 010-8587-1414)**.

부용대에서 만끽하는 하회마을 절경

낙동강자전거길(상주~안동) | 상주시·예천군·안동시

>> >> 낙동강자전거길은 안동댐인증센터부터 시작된다. 국토종주 노선에서 벗어나 있어 많이 빼먹게 되는 구간이다. 하지만 낙동강자전거길과 4대강 종주 인증을 마치려면 이 코스도 달려야 한다. 낙동강자전거길 상주~안동 구간은 부용대에서 바라보는 하회마을에서 절정을 이룬다. 영남의 내륙을 적시는 낙동강과 강마을 풍경이 진정한 한국의 아름다움을 보여준다.

난이도	70점	코스 주행거리	105Km(상)
		상승 고도	718m(상)
		최대 경사도	10% 이하(중)
		칼로리 소모량	2,338kcal

| 코스접근성 대중교통 가능 | 195km | 고속버스 195km
강남고속버스터미널 ———————————— 상주고속버스터미널 | | |

| 소요시간 당일 가능 | 13시간 15분 | 가는 길
버스 2시간 30분 | 코스 주행
8시간 5분 | 오는 길
버스 2시간 40분 |

① 상주시내에서 낙동강자전거길로 연결된 북천자전거길.
② '자전거 도시'를 표방한 상주의 자전거 사랑을 알 수 있는 북천자전거길의 자전거 조형물.

국토종주 자전거 여행은 이화령을 넘어 새재자전거길을 통과한 다음 상주상풍교에서 낙동강자전거길과 만난다. 대부분의 여행자는 부산을 향해 다음 인증센터가 있는 상주보를 향한다. 그러나 낙동강자전거길의 시점은 상주상풍교가 아니다. 이곳에서 65km 떨어져 있는 안동댐인증센터다. 다만, 국토종주자 편의를 위해 안동댐 인증을 받지 않아도 국토종주 인증을 받도록 하면서 상주상풍교에서 안동댐 구간은 다녀와도 그만 안 가도 그만인 계륵 같은 신세가 됐다.

안동~상주 구간은 국토종주 인증을 떠나 꼭 한 번 달려볼 만한 가치가 있다. 우선 강원도 태백에서 발원해 영남땅을 적시며 흐르는 낙동강 원류라는 상징성을 빼놓을 수 없다. 안동과 예천은 산을 끼고 돌아가는 낙동강의 유장한 아름다움을 간직한 곳이다. 안동댐에서 상주상풍교까지 거리는 65km. 여기에 상주터미널에서 상주상풍교, 안동댐에서 안동터미널까지 이동거리와 하회마을 관람 등 여행지도 돌아보면 100km가 넘는 장거리 코스가 된다. 찾는 이가 적어 외롭게 느껴지는 무주공산의 자전거길을 거침없이 달려볼 수 있다.

낙동강자전거길 안동~상주 구간의 가장 큰 즐거움은 유네스코 세계문화유산으로 지정된 하회마을을 자전거로 돌아보는 것이다. 타임머신을 타고 과거로 간 듯한 하회마을의 초가집과 낙동강이 휘감아 지나는 강변에 조성된 만송정 솔숲은 아무리봐도 질리지 않는다. 하회마을의 아름다움은 낙동강 맞은편 부용대에서 바라볼 때 극치를 이룬다. 화천서원에 자전거를 세워놓고 몇 걸음만 보태면 부용대다. 이곳에서 내려다보는 하회마을과 낙동강은 가장 한국적인 풍경이라 할 수 있다. 부용대에서 하회마을을 감상했다면 이 코스에서 누릴 수 있는 호사의 8할은 누린 셈이다.

낙동강자전거길은 한적한 공도 주행을 거쳐 안동 시내로 든다. 안동 시내로 들기 전 두 번에 걸친 짧고 매운 고개를 넘는다. 안동시를 관통하는 낙동강을 따라 느긋하게 달려가면 최종 목적지인 안동댐인증센터에 닿는다. 안동댐 주변의 청량한 기운과 안동호를 가로지르는 월영교가 여행자를 맞아준다. 안동 지역 라이더들은 이곳을 기점 삼아 안동호 상류로 마실 라이딩을 즐긴다. 낙동강이 시작되는 강원도 태백 검용소까지는 100km도 넘는 물길이 남아 있지만 여기서 발길을 돌린다.

① 낙동강자전거길 상주 구간 최고의 난코스 경천대를 통과하는 라이더. ② 하회마을 강둑길과 낙동강 건너 부용대의 모습.
③ 낙동강자전거길이 시작되는 안동댐에 있는 월영교. ④ 안동 하회마을 골목길을 달리는 여행자.

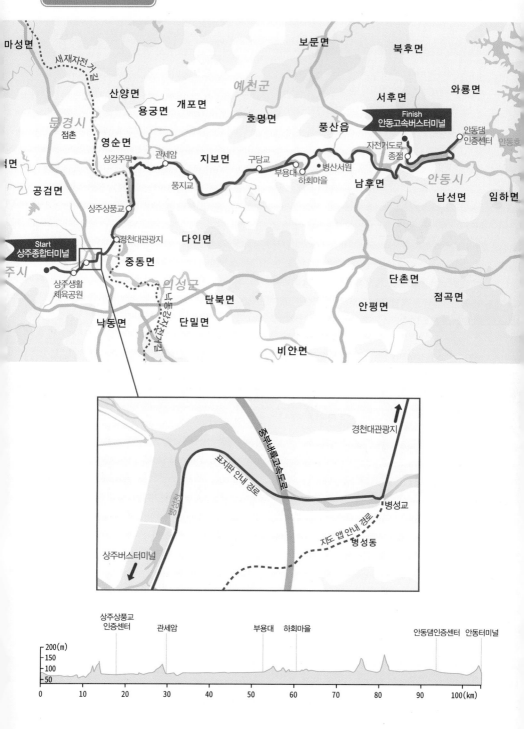

코스 접근

낙동강자전거길 안동~상주 구간은 국토종주를 하는 중간에 달려도 되고, 국토종주를 마친 후 추가로 달려도 된다. 출발은 안동과 상주 가운데 어느 곳에서 해도 상관없다. 두 곳 모두 큰 도시라 교통편이 좋아 접근성이 좋다. 이 책에서는 상주에서 안동으로 가는 방향으로 소개한다.

상주까지는 강남고속버스터미널에서 1시간 간격으로 버스가 있다. 첫차는 07:00에 출발한다. 소요시간은 2시간 30분, 요금은 우등버스 기준 2만1,100원이다. 아침 첫차를 타면 안동까지 당일로 충분하다. 안동고속버스터미널에서 강남고속터미널로 가는 버스는 1시간 간격으로 운행한다. 막차는 22:00에 출발한다. 소요시간은 2시간 40분, 요금은 우등버스 2만4,400원이다. 안동에서 상주 방향으로 라이딩을 한다면 아웃은 상주나 점촌에서 한다. 많은 라이더들은 상주 대신 거리가 4km 더 먼 점촌에서 아웃한다. 그 이유는 상주 도심으로 진입하기 위해서는 경천대 업힐을 통과해야 하기 때문이다. 거리가 멀어도 편한 길을 택하는 것이다.

안동고속터미널 이용 시 미리 알아야 할 것이 있다. 안동역이 이전하면서 고속버스와 시외버스터미널도 모두 안동시 서측 외곽으로 이전했다. 따라서 동쪽 도심 외곽에 있는 안동댐인증센터에서 터미널까지 거리가 약 12km에 달한다. 이 구간을 추가로 달려야 하는 것도 감안하고 계획을 세워야 한다. 다행스러운 점은 이 구간은 복잡한 도심을 통과하지 않고 낙동강자전거길 북측 구간을 따라서 이동할 수 있다는 것이다.

코스 가이드

상주버스터미널에서 상주상풍교인증센터까지 거리는 18km다. 상주시내에서 낙동강자전거길까지 이동하는 루트가 표지판으로 안내되고 있다. 지도 앱에서 안내되는 경로와 차이가 있으니 주의한다.

상주터미널에서 북천교사거리로 이동한 다음 북천자전거길을 따라서 동쪽으로 간다. 상주체육공원을 지나가기 직전 북천자전거길에서 빠져 나와서 화개교를 건너 화개삼거리에서 왼쪽으로 진입한다. 표지판은 강변 뚝방길을 따라가도록 안내하고 있는데, 지도 앱은 농로를 가로지르라고 안내한다. 뚝방길로 가는 것이 거리는 좀 더 돌아가지만 길을 찾기에는 훨씬 용이하다. 병성교를 건너 경천로로 진입하면 인도 쪽에 마련된 보행자 겸용 자전거도로를 따라 경천대 관광지까지 간다. 이때 경천대로 우회전하지 말고 상주박물관 쪽으로 직진해야 한다. 이곳을 지나면 경천대 업힐 구간을 통과해 국토종주자전거길을 따라 가 상주상풍교인증센터에 도착한다.

상풍교를 건너 좌회전하면 낙동강자전거길 상주−안동 구간이 시작된다. 이곳부터 길은 크게 헷갈리는 곳 없이 안동까지 간다. 다만, 예천 풍양면 구간은 마을을 잇는 농로를 따라 자전거길이 나 있어 길찾기에 유의한다. 이 구간에서 빼놓지 말고 들려봐야 할 부용대와 하회마을은 잠시 코스에서 이탈해야 한다. 부용대는 광덕교 건너기 전 코스에서 이탈해 화천서원쪽으로 들어간다. 화천서원에서 부용대까지는 도보로 250m 거리다. 하회마을도 자전거 코스에서 3km 거리에 있다.

병산서원 지나 풍산읍 구간부터 안동 시내까지는 공도 주행도 한다. 차량 통행은 많지 않다. 안동 시내 진입 전에 두 번의 업힐이 있다. 특히, 마지막 업힐은 거리는 짧지만 경사가 꽤 세다. 안동 시내 구간으로 접어들면 자전거길은 낙동강 양쪽에 조성되어 있다. 남쪽 자전거길을 따라 올라가는데, 영가대교 지나 용상주공4단지 인근 고수부지가 인도교 붕괴로 2019년부터 통제 중이다. 이 구간을 우회하는 두 가지 방법이 있다. 하나는 통제 구간을 오른쪽으로 크게 돌아 강변길에서 나온 다음 CGV안동점 지나 '법흥인도교' 건너 강 반대편으로 넘어가는 것이다. 다른 하나는 영호대교 지나가기 전 인도교로 조성된 안동교에서 미리 강을 건너서 북측 자전거길로 진입한다.

난이도

총 상승고도는 718m다. 대부분 평지구간이며, 4곳 정도 오르막이 있다. 상주에서 출발하면 제일 먼저 경천대 구간을 지나야 한다. 오르막이 높지는 않지만 경사가 가팔라 국토종주에서 둘째가라면 서러울 정도다. 특히, 반대 방향에서 진입하는 길이 가파르다. 거의 자전거 라이딩이 불가능할 정도다. 이 구간을 피하려면 점촌에서 출발하는 것도 방법이다. 안동 시내 진입 직전에 길이 500m, 경사도 7%의 오르막 두 곳을 연이어 넘어가는데, 이 곳이 전체 코스 중에 가장 힘들다.

주의구간

코스 대부분이 자전거도로다. 일반 공도 구간도 조금 있지만, 차량 통행이 별로 없어 라이딩에 큰 무리가 없다. 다만 안동에서 라이딩을 마무리할 때는 안동터미널까지 경로를 잘 잡고 이동해야 한다. 시내 구간을 통과하지 말고 낙동강 북쪽으로 난 자전거길을 이용한다. 자전거도로는 '블루스크린골프장'에서 종료되는데, 이곳부터 터미널까지는 3km 거리다. 도로 왼쪽 인도에 있는 보행자 겸용 자전거길을 따라가면 안전하게 터미널로 갈 수 있다.

보급 및 식사

장거리 코스임에도 불구하고 중간에 보급이나 식사를 해결할 만한 곳이 드물다. 행동식과 물을 충분히 가지고 다닌다. 아침은 상주터미널 부근에서 해결하고 출발한다. 경천대를 통과하면 무인지경이나 다름없다. 부용대 직전에 지나가는 구담리에서 보급과 식사를 할 수 있다. 이곳에서 점심을 먹는 게 좋다. 하회마을을 방문한다면 마을 입구 먹거리 장터를 이용해도 된다. 하회마을서 병산서원 가는 방향에 있는 **병산손국수**(☎ 054-858-3933, 안동시 풍천면 효부골길 2-1)는 코스와 가까이 있어 현지 동호인들도 즐겨 찾는 맛집이다. 이 집 손국수쌈밥(8,000원)은 칼국수에 쌈밥을 같이 먹는 안동식 국수집이다. 편육(1만1,000원)을 추가하면 든든한 한끼가 된다. 목적지인 안동댐 인근에도 식당가가 형성되어 있다. 안동의 명물 헛제사밥이나 안동찜닭을 맛볼 수 있다.

여행정보

낙동간자전거길 안동—상주 구간은 볼거리가 많다. 예천군 풍산면 삼강리에는 삼강주막이 있다. 낙동강과 예성천, 금천 세 갈래 물줄기가 만나 삼강이란 지명을 얻었다. 삼강나루터에는 초가로 재현한 주막이 있다. 다만, 낙동강자전거길에서 2.5km 떨어져 있어 큰 맘 먹어야 간다. 하회마을은 풍산류씨 집성촌으로 낙동강이 감싸고 돈 마을 풍경이 아름답다. 1999년 방한한 영국 엘리자베스 여왕도 이곳을 방문했다. 하회마을로 들어가려면 자전거 코스에서 이탈해 작은 언덕 두 곳을 넘어간다. 입장료 5,000원을 받는다. 부용대는 하회마을 전망대로 자전거길에서 가까우니 빼먹지 말자. 하회마을 입구에서 안동 방면으로 조금 더 오면 병산서원 입구다. 병산서원도 한국 건축미를 대표하는 빼어난 아름다움을 간직하고 있다. 특히, 정자에서 바라보는 낙동강의 운치가 아름답다. 자전거길에서 병산서원까지는 편도 약 3km 거리다.

① 새롭게 신축한 안동고속버스터미널. ② 낙동강자전거길 안동댐인증센터. ③ 하회마을에서 병산서원 가는 길에 있는 병산손국수의 푸짐한 국수쌈밥 차림.

보를 징검다리 삼아 낙동강 하류를 향해

국토종주5
(낙동강자전거길 : 상주~달성보)
상주시·선산군·구미시·칠곡군·달성군

>> >> 본격적인 낙동강자전거길의 시작이다. 낙동강에 만들어 놓은 보를 쉴새 없이 지나간다. 주변 풍경을 감상하기보다 목적지 도착에 집중하게 된다. 체력과 시간을 고려해서 최대한 주행거리를 뽑아야 하는 구간이다. 다행히 상주 구간에만 짧은 업힐이 있고, 이후부터는 곧게 뻗은 길이라 달리기 좋다.

난이도	60점	30점
	상주~칠곡	칠곡~달성
코스 주행거리	74km(중)	50km(중)
상승 고도	276m(중)	132m(하)
최대 경사도	10% 이하(중)	5% 이하(하)
칼로리 소모량	2,456kcal	1,527kcal

누적 주행거리　203km

	——— 1일차 79km ———		————— 2일차 124km —————	
수안보	상주 경천대	칠곡	달성보

누적 소요시간　18시간 54분

가는 길	1일차	2일차	
	코스주행	상주~칠곡	칠곡~달성
자전거 50분			
버스 2시간 20분	6시간	5시간 30분	4시간 14분
총 3시간 10분			

낙동강자전거길은 상주상풍교를 기점으로 잡아도 부산까지 300km가 훌쩍 넘는 거리다. 다른 종주 자전거길과 비교해서 그 길이와 스케일이 남다르다. 만약 3일만에 이 코스를 완주하고자 한다면 이제부터는 하루에 100km 이상의 거리를 주행해야 한다. 그중에서 낙동강 상류를 달리는 상주~칠곡~달성 구간은 거리가 124km나 된다. 이 구간은 또 국토종주 구간 중에서 가장 많은 6개의 보를 지나간다.

상주~달성 구간은 낙동강자전거길 중에서 상대적으로 라이딩하기가 가장 좋다. 다음 구간인 달성~창녕과 비교하면 업힐 구간도 크게 없다. 따라서 이 구간에서 100km 이상 주행 거리를 뽑지 못한다면 종주일정을 하루 더 잡아야 한다. 체력적인 부담이 없다면 최대한 주행거리를 뽑아주는 것이 이후 체력과 시간관리를 하는 데 유리하다.

경천대에서 다시 자전거길로 접어들면 상주보와 만난다. 상주보에는 자전거 모양의 심볼이 선명하게 음각되어 있다. 상주가 이전부터 자전거의 도시라는 것을 말해준다. 상주보를 지나면 자전거길은 농로와 군도, 그리고 국도를 번갈아가며 달리다가 두 번째 보인 낙단보에 도착한다. 주변이 무인지경이었던 상주보와 달리 이곳은 음식점과 모텔이 모여 있어 숙식을 해결하기가 용이하다.

낙동강자전거길을 따라서 트레킹 중인 여행자.

① 죽곡산 강변에 만들어진 자전거도로.
맞은편이 강정고령보다.
② 칠곡보의 모습.

　　개통 초기보다 나아지긴 했지만 낙동강자전거길은 보급과 식사, 숙박을 해결하는 것이 쉽지 않다. 따라서 출발 전에 계획을 잘 세워야 한다. 보급과 식사는 기회가 생길 때마다 미리미리 해결하는 것이 좋다. 구간의 최종 목적지는 숙박시설이 있는 곳을 기준으로 잡아야 한다. 가는 데까지 가다보면 뭔가 있겠지 라는 생각으로 떠났다가는 노숙을 하거나 인근 지역의 콜택시를 불러서 점프를 해야 될 상황에 처할 수도 있다. 대도시인 구미와 대구를 통과하는데도 불구하고 자전거길에서 식사와 보급, 그리고 숙박을 해결하기가 만만치 않다.

　　낙단보 다음은 구미보다. 자전거길은 구미보를 지나서 낙동강을 따라 구미시내를 관통한다. 상주에서 아침 일찍 길을 나섰으면 점심 무렵 이곳에 도착하게 되는데, 도시로 접어들었는 데도 의외로 자전거코스에서 식사나 보급을 받을 수 있는 곳이 보이지 않는다. 설마설마 하며 계속 달리게 되는 구간이다. 그러나 구미에서 보급을 하지 않으면 칠곡보까지 쫄쫄 굶고 갈 수 있다.

　　낙동강자전거길은 구미시내를 벗어나 칠곡으로 향한다. 칠곡보까지는 곧게 뻗은 자전거 전용도로가 이어진다. 마치 고속도로를 달리듯 라이딩을 할 수 있다. 칠곡보를 지난 후 여세를 몰아 대구까지 달린다. 대구 구간은 자전거 전용도로가 처음 개통되었을 때만 해도 죽곡산을 한참 돌아가 강정고령보에 도착했다. 하지만 지금은 죽곡산자락에 강변 데크길을 만들어와 훨씬 수월하게 지나갈 수 있게 됐다. 강정보를 지난 낙동강자전거길은 대구와 달성군 외곽을 크게 돌아 달성보에 도착한다.

Start
경천대관광지

상주보인증센터
중동면

낙동면

상주시

낙단보인증센터(보급)

옥성면

도개면

59

45

선산
IC

경부내륙고속

선산읍

33

고아읍

해평면

구미보인증센터

선산군

김천시

25

55

1

구미
IC

신호대교

금오공대(보급)

5

구미시

남구미
IC

금순이 소고기국밥(보급)

4

약목면

송정자연휴양림

칠곡보인증센터

기산면

칠곡군

경상북도

왜관
IC

성주군

33

하빈면

경부고속

선남면

30

달성군

칠곡~달성

451

대구광역시

남성주
IC

다사읍

다산면

화원읍

강정고령보인증센터

33

67

451

고령군

12

Finish
달성보

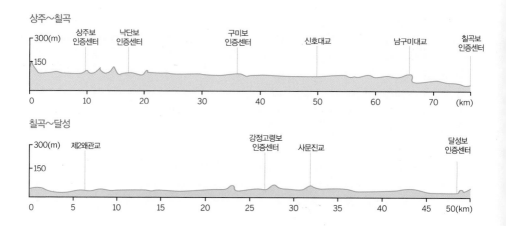

상주~칙곡

300(m)
150

상주보 인증센터
낙단보 인증센터
구미보 인증센터
신호대교
남구미대교
칠곡보 인증센터

0 10 20 30 40 50 60 70 (km)

칠곡~달성

300(m)
150

제2왜관교
강정고령보 인증센터
사문진교
달성보 인증센터

0 5 10 15 20 25 30 35 40 45 50(km)

코스 가이드

상주에서 출발한 자전거길은 낙단보에 도착하기 전 잠시 강에서 벗어나 야산의 업힐 구간을 통과한다. 그 다음부터 칠곡까지는 강변을 따라 무난하게 이어진다. 칠곡~달성 구간도 다리를 두 번 건너 갔다올 뿐 인적 드문 강변길을 따라 별 어려움 없이 내려온다.

난이도

상주~칠곡 구간 초반에만 작은 언덕들이 나올 뿐 이후 평지 구간이 이어진다. 칠곡~달성 구간도 평지가 이어진다.

보급 및 식사

구미와 대구 같은 대도시를 지나지만 보급과 식사가 의외로 힘든 구간이다. 낙단보는 인근에 몇 곳의 여관과 모텔이 모여 있고, 식당과 매점도 있어 숙식을 해결하기 좋다. 구미는 자전거길을 따라 산호대교를 건너서 구미시로 진입하지 말고 반대쪽으로 코스를 벗어나면 약 2km 떨어진 곳에 금오공대가 있으며 주변에 식당가가 있다. 낙동강자전거길은 남구미대교를 건너서 구미시내를 벗어나게 되는데, 다리를 건너가자마자 주유소와 매점, 식당이 나타난다.
동화연(☎ 054-971-9999, 칠곡군 석적읍 중리 721-4)의 소고기국밥(1만1,000원)이 먹을 만하다. 칠곡보는

건물 안에 편의점이 있다. 칠곡보 주변과 강정고령보 왼편에도 식당이 몇 곳 있다.

숙소

송정자연휴양림(☎ 054-979-6600, 칠곡군 석적읍 반계3길 88)은 칠곡보 도착 2km 전 반계교에서 약 3km 떨어진 곳에 있다. 통나무집과 야영장이 있으며, 시설도 좋고 관리도 잘 되어 있는 편이다. 단, 휴양림 입구에서 통나무집까지는 꽤나 가파른 업힐을 넘어가야 하고, 인근에 식사를 해결할 만한 곳이 없다. 달성보에서 약 1.5km 떨어진 곳에 있는 **달성보민박하얀집(☎** 010-3512-1352, 달성군 논공읍 하리 439)은 바이크텔이다. 주인집의 공간을 공유하는 오리지널 민박집으로 미리 요청하면 저녁과 아침식사를 준비해 준다. 주인 부부의 인심이 좋다.

① 하얀집 민박집에서 맛볼 수 있는 저녁상.
② 송정자연휴양림의 통나무집.

고개와 재를 넘는 멀고 험한 길

국토종주6

(낙동강자전거길 : 달성보~부곡)

달성군·창녕군·합천군·의령군·함안군

>> >> 낙동강자전거길과 국토종주 전체를 통틀어서 가장 난이도가 높은 구간이다. 크고 작은 업힐을 넘어가게 되는데, 다람재, 무심사 임도, 박진고개, 개비리 임도 등이 종주를 막아서는 장애물이다. 따라서 체력 관리가 매우 중요하며, 개인별 체력과 수준에 따라 업힐 구간은 우회코스를 이용하는 것도 추천한다.

난이도	60점	80점
	달성보~합천창녕보	합천창녕보~부곡
코스 주행거리	38km(중)	66km(중)
상승 고도	346m(중)	658m(상)
최대 경사도	10% 이상(상)	10% 이하(상)
칼로리 소모량	1,417kcal	2,436kcal

누적 주행거리 307km

1일차 79km		2일차 124km	3일차 104km	
수안보	상주	달성보	합천창녕보	부곡

누적 소요시간 26시간 54분

가는 길	1일차 코스주행	2일차 코스주행	3일차 코스주행
자전거 50분 버스 2시간 20분 총 3시간 10분	6시간	9시간 44분	8시간

낙동강자전거길 달성보에서 창녕함안보에 이르는 약 100km 구간은 국토종주자전거길 중에서 가장 터프한 구간이다. 코스 중간에 4개의 업힐을 넘어가는데, 높이는 해발 150~200m 정도의 고개들이다. 새재자전거길에서 만났던 이화령(530m), 소조령(374m)보다는 높이가 낮다. 그러나 경사도에서 차이가 있다. 이화령과 소조령은 경사도 10% 이하였지만 이 구간에서 만나는 바람재와 박진고개의 최대 경사도는 10%를 넘어간다. 이 때문에 라이더에게는 이 구간이 더욱 힘들게 느껴진다. 그중에서도 박진고개 업힐이 가장 악명이 높다. 최대 경사도 10%를 넘어가는 업힐이 2km 정도 이어진다. 길도 헤어핀을 몇 번 만들지 않고 한 번에 길게 치고 올라가게 되어 있어 더욱 힘들게 느껴진다. 이처럼 힘든 코스다보니 낙동강자전거길을 종주했던 이들이 박진고개에 그 고생스러운 기억을 낙서로 새겨놨다. 그 중 가장 인상적인 낙서는 '사람 살려'다.

상황이 이렇다 보니 혹자들은 우스갯소리로 낙동강자전거길이 아니고 낙동강 산길로 부르자는 이들도 있다. 하지만 너무 걱정은 말자. 서울을 출발해 달성보까지 왔다면 어느 정도 몸이 라이딩에 적응되어 있을 것이다. 이화령을 넘어 왔다면 이곳도 충분히 돌파할 수 있다. 자신이 없다면 우회도로를 이용해 이 구간을 피해가면 된다. 물론 자전거길에서 벗어나 일반 도로를 이용해 돌아가야 하는 불편은 감수해야 한다.

달성보를 출발한지 얼마 지나지 않아 첫 번째 업힐을 만난다. 다람재다. 시작부터 경사도가 10%를 넘나드는 만만치 않은 구간이다. 힘겹게 정상에 서자 그림 같은 낙동강 풍경이 펼쳐진다. 그 시원한 경치가 업로로 거칠어진 맥박을 잠시 진정시켜준다. 다람재를 내려가면 달성도동서원과 만난다. 이곳부터 인적이 드문 한적한 강변을 따라서 달린다. 샛골이라는 마을을 지나면서 이번 구간 두 번째 업힐과 만난다. 무심사라는 절의 뒷산을 넘어가는 코스다.

① 다람재 업힐 시작점. 다람재는 거리 300m, 경사도 12%의 업힐 구간이다. ② 다람재 정상.

① 무심사 임도 구간. 길은 임도이지만 포장이 되어 있어 일반 자전거도 가능하다. ② 박진고개 정상에서 내려다본 업힐. 경사도를 짐작할 수 있다. ③ 박진고개 자전거도로 옆에 써놓은 낙서들. ④ 박진고개 정상의 전망대에서 휴식 중인 라이더들.

이 구간은 경사도가 심하지는 않지만, 2km의 제법 긴 업힐 구간을 지나가야 하는 것이 힘겹다. 만약 체력이나 시간이 부담된다면 업힐 초입에 있는 안내표지를 따라 우회구간을 통해서 피해가는 것도 고려해볼 수 있다.

무심사 임도를 넘어가면 합천창녕보에 도착한다. 이곳 역시 주변이 무인지대다. 자전거길은 계속해서 적포삼거리를 지나 부곡마을 입구에 다다른다. 이곳부터 박진고개가 시작된다. 박진고개는 경사도 경사지만 몇 번 꺾어지지도 않고 한 번에 고갯마루까지 이어지는 오르막이 심리적으로 라이더를 더욱 압박한다.

그러나 박진고개가 끝이 아니다. 자전거길은 영아지 마을을 지나 3km 거리의 개비리 임도로 진입한다. 정말 쉴새 없이 업힐이 몰아친다. 이것이 마지막이다. 개비리 임도를 넘어서자 정신 없던 업다운 구간은 끝이 나고 자전거길은 낙동강 하류를 향해서 평지 코스로 이어진다.

고령군

제석산

개진면

휘골산

45 부리

Start
달성보

달성군

451

금천리

초곡리

박석진교

현풍면

오산리

남산리

비슬산
자연휴양림

원교리

우곡면

다람재

구지면

대니산

5

용리

화산리

경상남도

이노정

덕곡면

합천군

무심사임도

성산면

금곡리

20

왕령산

월봉리

미곡리

합천창녕보인증센터

이방면

고암면

24

천왕산

청덕면

67

진봉산

창녕군

대부리

본초리

관룡산

열왕산

적포교삼거리

성산리

유어면

쌍교산

양진리

내제리

79

광산리

초곡리

사리

낙서면

여의리
정곡리

율산리

구계리

박진고개

20

경산리

장마면

아지리

개비리 임도

성산리

용산리

도천면

5

79

부곡온천

Finish
부곡면

월령리

임해진삼거리

의령군

지정면

성산리

남지교

45

길곡면

함안군

창녕함안보인증센터

달성~합천창녕보

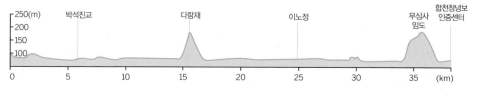

합천창녕보~부곡

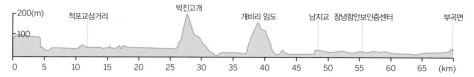

코스 가이드

달성보~합천창녕보 구간은 강변도로를 통해서 달성군을 벗어난 뒤 잠시 현풍면으로 진입했다가 다람재를 넘어간다. 이후 합천창녕보에 도착하기 전 무심사 임도를 한 번 더 넘어간다. 합천창녕보~부곡 구간에서는 박진고개와 개비리 임도를 넘어 낙동강 하류로 접어든다. 숙박이 용이한 부곡으로 가려면 임해진삼거리에서 자전거길을 벗어나 약 7km를 더 간다.

난이도

달성보~합천창녕보 구간은 경사도 10% 이상되는 다람재와 무심사 임도를 통과한다. 합천창녕보~부곡 구간은 박진고개와 개비리 임도라는 낙동강자전거길의 최대 난코스를 통과하게 된다. 개비리 임도를 마지막으로 부산까지 더 이상의 업힐 구간은 없다.

보급 및 식사

다람재 우회코스가 다시 낙동강자전거길과 만나는 곳에 **쌍용한식부페**(☎ 053-614-8682, 대구시 달성군 구지면 내리 513-4)가 있어 식사를 할 수 있다. 합천창녕보에 편의점이 있다. 이곳을 제외하면 주변은 무인지경이다. 합천창녕보에서 10km 하류에 위치한 적포삼거리에는 모텔과 식당이 있어서 숙식을 해결할 수 있는 곳이다. 이곳에는 **강변또깡이식당**(☎ 010-

4503-2520)을 비롯해서 서너 곳의 식당이 영업한다. 이 구간 마지막 업힐인 개비리 임도를 넘어오면 남지읍으로 진입하게 되는데, 이곳에서 남지교 건너편이 칠서면이다. 자전거도로 인근에 식당과 매점이 있다.

숙박

부곡, 남지에서 삼랑진까지는 자전거길과 인접해 있는 숙박시설과 식당이 거의 없다. 따라서 저녁과 숙식은 부곡에서 해야 한다. 부곡은 자전거길에서 이탈해 약 6.5km를 추가로 라이딩해야 하는 것이 단점이다. 그러나 온천 관광지라 콘도에서 모텔, 그리고 관광호텔까지 다양한 형태의 숙박시설이 있다.

여행정보

다람재 업힐을 내려오면 달성도동서원이다. 조선시대 유학자 김굉필(1454~1504)을 기리는 서원이며, 우리나라 5대 서원 중 한 곳이다. 자전거길에 있어 들렀다 가기 좋다.

① 적포삼거리 인근 식당의 백반 차림. ② 다람재를 넘어와서 만나는 달성도동서원.

낙동강자전거길 달성~부곡 구간 우회코스

다람재 업힐 우회코스

다람재 구간은 낙동강자전거길과 우회코스가 거리나 높이에서 큰 차이를 보인다. 낙동강자전거길이 거리 17.4km, 상승고도 272m인데 반해 우회코스는 거리 8.5km, 상승고도 57m밖에 되지 않는다. 따라서 체력적으로 자신이 없다면 우회로를 이용하는 것이 좋다. 우회로는 달성 도동서원과 구지, 대리 갈림길에서 구지, 대리 방면으로 좌회전해 진입한다. 그 다음 우회도로 갈림길에서 현풍곽씨십이정려각까지 지동로를 따라 2.3km 직진한 뒤 정려각삼거리에서 우회전한다. 그 다음 쌍공공인중개사까지 67번 국도를 따라 4.3km 직진한 뒤 낙동강자전거길로 재진입한다.

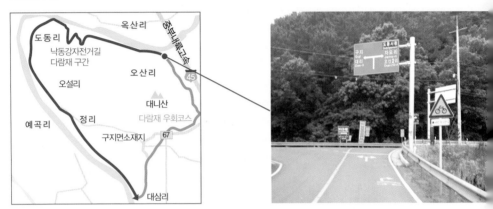

무심사 업힐 우회코스

무심사 임도도 우회코스를 이용할 수 있다. 낙동강자전거길 무심사 업힐이 거리 3.94km, 상승고도 269m라면 우회코스는 거리 3.2km, 상승고도 32m다. 거리는 별반 차이가 없지만 상승고도에서 큰 차이를 보인다. 우회코스는 업힐이 거의 없다고 볼 수 있다. 우회코스는 무심사로 가기 직전 낙동강자전거길에 표시된 우회길 이정표를 따라 좌회전한다. 67번 지방도를 따라 624m 내려가다 사거리에서 좌회전해 1034 지방도를 따라 2.3km 직진 후 우산농장에서 낙동강자전거길과 합류한다.

박진고개 & 개비리 임도 우회코스

낙동강자전거길의 최대 난코스인 박진고개와 개비리 임도를 통째로 빼놓고 우회할 수 있다. 우회로는 일반 도로를 따라간다. 우회 구간은 적포삼거리에서 남지교까지 27.55km이다. 우회로는 같은 구간 낙동강자전거길(35km)에 비해 7.5km 가량 짧다. 그러나 거리보다는 두 개의 업힐 구간을 피할 수 있어 체력을 비축할 수 있다. 우회코스에 대한 길 안내는 다음과 같다.

❶ 적포삼거리에서 적포교 건너가기

❷ 이남삼거리에서 우회전 후 20번 국도를 따라 유어삼거리까지 5.8km 주행

❸ 유어삼거리에서 우회전 후 79번 국도를 타고 동정삼거리까지 7.6km 주행

❹ 동정삼거리에서 좌회전 후 강리삼거리까지 1.6km 주행

❺ 강리삼거리에서 우회전 후 성사교를 건너 황새목삼거리까지 4.7km 주행

❻ 황새목삼거리에서 좌회전 후 1021번 지방도를 따라 남지읍내로 진입

❼ 남지읍에서 남지교를 넘어 낙동강자전거길과 합류

우회도로 갈림길이 시작되는 적포교.

국토종주 대단원의 막을 내리다

국토종주7

(낙동강자전거길:부곡~낙동강하구둑)

밀양시·양산시·부산시

>> >> 국토종주의 마지막 구간이다. 자전거길은 서프라이즈 없이 평이하게 하류까지 연결된다. 부산으로 접근할수록 자전거길은 더욱 잘 정비되어 있다. 자전거길은 을숙도에 있는 낙동강하구둑까지 연결되고, 길었던 국토종주 라이딩은 마무리가 된다.

난이도	30점	30점
	부곡~삼랑진	삼랑진~낙동강하구둑
코스 주행거리	39km(중)	46km(중)
상승 고도	118m(하)	70m(하)
최대 경사도	5% 이하(하)	15% 이하(하)
칼로리 소모량	1,300kcal	1,383kcal

누적 주행거리 392km

├─ 1일차 78km ─┤── 2일차 124km ──┤────── 3일차 104km ──────┤── 4일차 85km ──┤

수안보　　상주　　　　　　　달성보　　　　　　부곡　　　부산

누적 소요시간 37시간 43분

가는 길	누적주행시간	부곡~부산 코스주행	가는 길
자전거 50분 버스 2시간 20분 총 3시간 10분	1일차 6시간 2일차 9시간 44분 3일차 8시간 총 23시간 44분	5시간 44분	자전거 35분 버스 4시간 30분 총 5시간 5분

국토종주의 마지막 구간이다. 그러나 주행해야 할 거리는 여전히 적지 않다. 부곡에서 낙동강하구둑까지 자전거길만 85km 거리다. 여기에 부곡에서 자전거길까지 진입하는 6km 와 낙동강하구둑에서 사상버스터미널까지 가는 8km를 더하면 100km에 가까운 거리가 남 았다. 다행스러운 것은 더 이상의 업힐 구간이 없다는 것이다. 이전 구간에서 쉴새 없이 업 힐이 이어졌지만 하류에 가까워진 낙동강자전거길은 더 이상의 심술을 부리지 않고 평탄한 코스를 제공해 종주 라이딩의 마무리를 돕는다.

낙동강뿐만 아니라 강을 따라가는 다른 자전거길도 하류에 가까워질수록 길은 곧고 평 평해진다. 여기에 낙동강자전거길은 부산이라는 대도시를 끼고 있어서 자전거길 조성도 잘 되어 있다. 삼랑진에서 양산물문화관 사이는 코스 중간중간 만들어 놓은 데크길이 주변경 관과 잘 어우러져 라이딩을 즐기기에 좋다. 양산물문화관을 지나면 자전거길은 부산으로 진 입한다. 이곳에서도 한참을 강변을 따라 달리다가 을숙도와 연결된 낙동강하구둑에 도착하 게 된다.

하룻밤을 머문 부곡에서 임해진삼거리로 돌아와 다시 낙동강자전거길과 만난다. 종주 마 지막 날이라 감회가 새롭다. 부곡을 출발한 자전거길은 밀양과 창원을 넘나들며 하류를 향해 서 내려간다. 자전거길 주변은 특색 없는 강변 풍경이 끝없이 이어진다. 자전거길은 밀양시 내 강변공원에서 미르피아캠핑장과 만난다. 이곳을 빠져나와 조금 올라가면 밀양강 건너편 으로 낙동강 철교가 보인다. 철교가 손에 잡힐 듯이 가까운 거리지만, 야속하게도 자전거길 은 밀양강을 따라서 한참을 올라가다 강을 건넌 다음 다시 낙동강변 쪽으로 되돌아 나온다. 가까운 거리를 한참이나 되돌아간다는 생각에 꽤나 기운이 빠지는 구간이다.

밀양시내에 있는 낙동강 철교. 밀양강을 따라
한참 돌아간 뒤 삼랑진으로 진입할 수 있다.

① 낙동강 하류의 대나무숲길 구간. ② 양산물문화관 인증센터. ③ 부산으로 진입한 낙동강자전거길.

삼랑진을 지나면서 자전거길의 분위기가 바뀐다. 자전거길이 특색 없이 이어지던 하천부지를 벗어나서 강변에 바짝 붙어 달리도록 만들어졌다. 강변을 따라 잘 만들어진 데크길을 달리자 목적지인 부산이 가까워졌다는 것이 어렴풋하게 느껴진다. 물금역을 지나갈 무렵아파트 단지들이 보이기 시작한다. 잠시 경쾌하게 이어지던 라이딩 구간이 끝나고, 다시 여느 도시와 다름없는 하천부지가 나온다.

부산이라는 대도시에 가까워지건만 보급사정은 여전히 만만치가 않다. 부곡에서 삼랑진에 이르는 구간은 다른 곳들과 다름없이 거의 무인지경이다. 삼랑진을 벗어나서 부산 외곽에 진입해도 사정은 별로 나아지지 않는다. 대도시 안으로 들어왔지만 자전거도로와 인접한곳에서 보급과 식사할 곳을 찾기는 여전히 쉽지 않다.

이미 부산으로 접어들었음에도 낙동강하구둑은 쉽게 가까워지지 않는다. 끝날 듯 끝날듯 끝나지 않는 구간을 얼마나 달렸을까? 드디어 낙동강하구둑을 지키는 사자상을 만나고마지막 인증센터가 있는 을숙도로 들어간다. 비록 환영해 주거나 반겨주는 사람은 없었지만종주여행을 마쳤다는 생각에 가슴이 벅차다. 인증수첩에 구간인증과 종주인증을 받고 나면비로소 국토종주를 완성했다는 것을 실감한다.

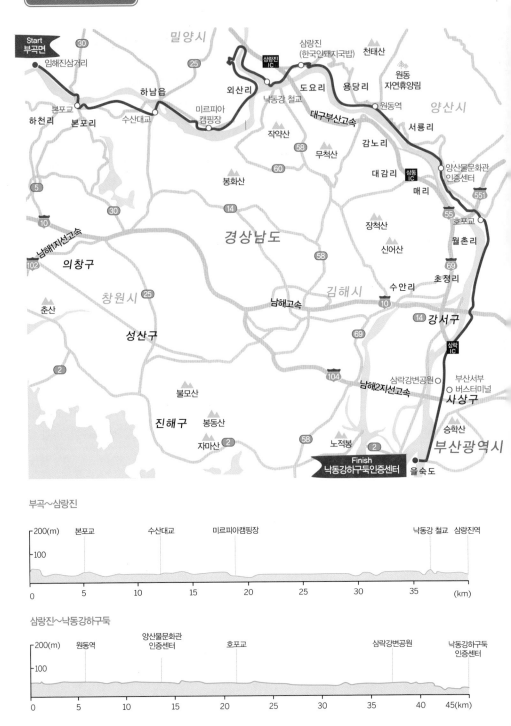

부곡~삼랑진

삼랑진~낙동강하구둑

① 밀양 미르피아오토캠핑장.
② 삼랑진역 한국인돼지국밥
의 국밥. ③ 국토종주 마지막
구간의 인증스탬프. ④ 부산
서부시외버스터미널.

코스 가이드

강변과 거의 나란히 자전거 전용도로가 나 있다. 삼랑
진에서 양산물문화관 구간은 낙동강 위에 만들어진 자
전거 전용도로를 주행해서 경관도 훌륭한 편이다. 낙
동강하구둑인증센터에 도착하면 마지막 스탬프를 찍
고 난 뒤에 한강, 남한강, 새재길, 낙동강길의 각 구간
인증 및 국토종주인증을 받을 수 있다.

코스 아웃

부산서부시외버스터미널에서 서울 강남고속버스터미
널과 동서울버스터미널로 버스가 운행된다. 강남고속
터미널까지는 우등 4만400원, 동서울터미널까지는 우
등 4만700원이다. 낙동강하구둑인증센터에서 부산 서
부시외버스터미널까지는 8.2km 떨어져 있으며, 강변
을 따라갔던 길을 되돌아 가야 한다. 터미널은 자전거
길에서 약 500m 떨어진 곳에 있다.

난이도

업힐 없이 평지 구간이 계속 이어지는 무난한 코스다.

보급 및 식사

부산이 가까워져도 보급사정은 여전히 좋지 않다. 부
곡에서 출발한다면 점심은 삼랑진에서 해결하는 것이
좋다. 부산시내로 진입하면 하절기에는 생수와 물을
판매하는 노점상을 이용할 수도 있다. 삼랑진역 바로
옆에 있는 **한국인돼지국밥(☎** 055-353-2552, 밀양
시 삼랑진읍 송지리 156-122)은 밀양의 명물인 돼지
국밥(8,000원)을 잘한다. 수육(2만5,000원)도 맛있다.

숙박

밀양을 지나는 낙동강자전거길과 인접해 있는 **미르피
아오토캠핑장(☎** 055-359-4636, 밀양시 하남읍 백
산리 474-11)은 텐트 150동 수용규모다. 강변 캠핑장
이 그렇듯이 그늘이 부족하다.

07

- 자전거 여행 바이블 -

동해안
자전거길

동해안자전거길 PREVIEW

눈부시게 파란 하늘과 바다, 그리고 해변에 끝없이 부서지는 파도! 동해안자전 거길에서 마주하는 동해바다 풍경이다. 동해안자전거길은 이처럼 푸른 동해바다를 끼고 달려 라이더들이 가장 달리고 싶은 길로 사랑 받는다. 바다가 주는 무한대의 자유와 해방감을 종주 라이딩 내내 느낄 수 있다. 바다 풍경만 아름다운 게 아니다. 자전거길이 지나는 해안의 풍경 또한 절경이다. 끝없는 해변과 그 해변을 감싼 송 림, 때로 해안절벽 사이로 길이 이어져 달리는 내내 눈이 즐겁다. 하루에도 몇 번씩 지나는 크고 작은 항구들은 싱싱한 해산물의 보고! 라이딩을 마치면 푸짐한 저녁으 로 피로를 푼다. 이처럼 동해안자전거길은 눈과 입이 즐겁다. 제주도환상자전거길 과 마찬가지로 해변의 수려한 경관을 감상하며 달릴 수 있는 우리나라의 독보적인 해안종주코스 중 한 곳이다.

동해안자전거길은 종주인증에 따라서 크게 2구간으로 나뉘어진다. 현재 종주인증제가 시행되고 있는 구간은 강원도 고성 통일전망대에서 경북 영덕 해맞이공원까지다. 영덕 해맞이공원에서 남쪽으로 울산 동천강까지 자전거길은 구축되어 있지만 종주인증제는 시행하고 있지 않다. 종주인증제 시행 구간은 다시 242km의 강원 구간과 76km의 경북 구간으로 나뉘어진다.

동해안자전거길은 원래 강원도 고성에서 부산까지 계획되었다. 계획되로 완공이 되면 720km의 자전거길이 탄생한다. 이는 637km에 달하는 국토종주 구간보다 더 길다. 현재는 고성에서 울산까지 537km 구간이 연결되어 있다. 울산~부산 구간은 자전거길이 끊어졌다 이어지길 반복하며 단속적으로 만들어져 있는 상황이다. 이 구간의 완공시점은 아직까지 공식적으로 알려진 바 없다.

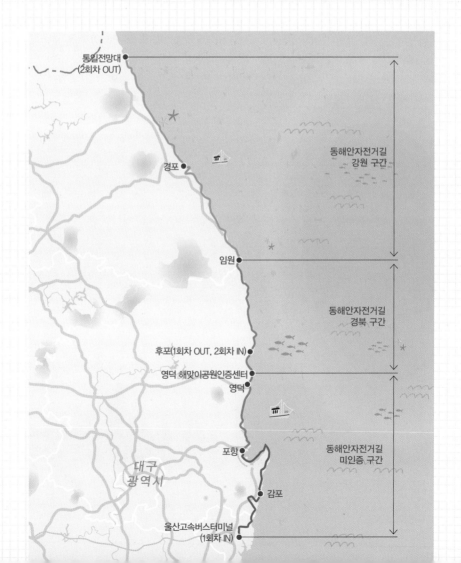

코스 개관

- ◆ 자전거길 총 길이 537km ◆ 총 상승고도 4,890m ◆ 종주 소요기간 6일
- ◆ 1일 평균 주행거리 89km ◆ 1일 평균 상승고도 815m
- ◆ 동해안자전거길 인증자 강원 구간 35,430명, 경북 구간 33,281명

코스 난이도

동해안자전거길은 국토종주자전거길 중에서 난이도가 가장 높은 코스로 손꼽는다. 소조령과 이화령을 넘어가는 새재자전거길의 상승고도가 723m인데 반해 동해안자전거길은 전 구간의 일일 평균 상승고도가 800m를 넘어간다. 같은 바닷길이라고해서 난이도가 가장 낮은 편에 속하는 제주환상자전거길의 난이도를 생각하고 도전했다가는 큰 코 다칠 수 있다. 주로 해안도로를 따라 주행하지만 해안과 멀어지는 지점에서는 거의 8할은 오르막 구간을 통과한다고 생각하면 된다. 이화령과 같은 큰 오르막은 존재하지 않지만 중소 규모의 업힐 구간을 빈번하게 통과하도록 설계되어 있다. 동해안자전거길에서 가장 쉬운 구간과 가장 어려운 구간은 모두 강원 지역에 있다. 삼척 임원항에서 강릉 경포대까지 5구간 난이도가 가장 높고, 강릉 경포대에서 통일전망대까지 6구간 난이도가 가장 낮다.

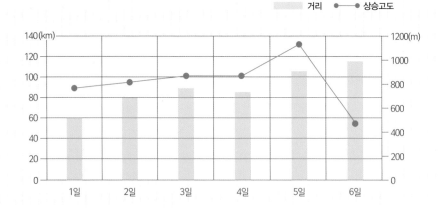

① 경주 감포 송대말등대. ② 포항 호미곶에 있는 상생의 손.

종주 계획 세우기

울산에서 고성까지 537km 전 구간을 완주하려면 하루 라이딩 거리 80km 기준으로 6일이 소요된다. 시작점과 종착점이 되는 울산이나 고성까지 집에서 오가는 장거리 이동시간까지 고려한다면 첫째날은 60~80km 정도밖에 주행할 수 없다. 또 6일 연속으로 종주하기는 여건상 어렵다. 대부분 구간을 반으로 나눠서 2박3일씩 2회에 걸쳐서 종주한다. 이 책에서는 후포를 기준으로 구간을 나눠 2회에 걸쳐 종주하는 방식으로 안내한다. 만약 전체 코스를 다 달리지 않고 국토종주 인증구간(영덕–고성 318km)만 완주하겠다면 3박4일로 일정을 잡으면 된다. 또 강원 구간(242km)만 완주한다면 2박3일 일정으로 잡으면 무리가 없다.

종주 방향 정하기

'올라갈 것인가 내려갈 것인가?' 동해안자전거길 종주를 계획할 때 가장 고민되는 부분이다. 앞서 설명한 바와 같이 종주 방향을 결정할 때는 4가지 요소를 고려해야 한다. 동해안자전거길에서 종주 방향 결정에 가장 큰 영향을 미치는 요인은 경관과 바람이다. 먼저 경관을 살펴보자면 남에서 북으로 올라가는 것이 좋다. 라

고려 항목	가중치
경관	높음
고도차	없음
차편	중간
바람	높음

이딩을 할 때 오른쪽에 바다를 끼고 달리기 때문이다. 남에서 북으로 가면 유리한 점이 하나 더 있다. 자전거길을 달리다보면 포구로 들어갔다가 다시 나오는 경우가 많다. 이때 반대 방향(북에서 남)으로 주행한다면 도로를 횡단해서 마을로 진입해야 하는 번거로움이 있다.

경관 못지 않게 고려해야 할 것이 바람의 방향이다. 바닷가에 조성되어있는 자전거길 특성상 내륙의 코스보다 바람의 영향을 크게 받는다. 특히 동해안은 서쪽이 백두대간과 낙동정맥으로 막혀 있는 지형적인 영향으로 종종 돌풍이 발생하는 경우가 많다. 기상예보를 확인해서 바람의 방향에 따라서 종주 방향을 바꿔야 한다. 일반적으로 바닷가에서는 육지와 바다의 비열의 차이에 의해서 낮에는 해풍(바다에서 육지로)이 밤에는 육풍(육지에서 바다로)이 부는 경우가 많다. 계절적인 요인도 있다. 보통 여름은 남에서 북으로, 겨울은 북에서 남으로 바람이 분다. 종주를 떠나는 날의 기상과 날씨를 고려해 종주 방향을 결정하자.

① 바다와 나란히 달리는 울진의 자전거도로. ② 삼척 장호항 솔밭과 라이더.

코스 IN/OUT

동해안자전거길은 코스 범위를 어떻게 잡는가에 따라서 IN/OUT하는 지역이 달라진다. 남에서 북으로 방향을 잡으면 라이딩 종료지점은 고성 통일전망대인증센터로 변함이 없다. 하지만 남쪽 출발지점은 달라질 수 있다. 자전거길이 조성된 537km 전 구간을 완주한다면 출발지는 울산이 된다. 반면 인증제 구간만 종주를 한다면 경북 영덕이 된다. 이 책에서는 울산을 기점으로 자전거길 전체 종주를 소개한다. 또 경북 울진 후포를 기준으로 구간을 나눠 2회에 걸쳐서 종주하는 방식으로 안내한다. 이렇게 하면 1회차 IN 울산 1회차 OUT 후포, 2회차 IN 후포 2회차 OUT 고성이 된다.

동해안자전거길에서 종주 인증 구간만 달린다면 출발지는 영덕 해맞이공원인증센터가 된다. 이곳에서 가장 가까운 터미널은 영덕시외버스터미널이다. 더 가까운 곳에 강구버스터미널 있지만, 서울로 출발하는 직행 노선은 현재 운행이 중단된 상태다. 만약, 종주 인증 구간 중에서도 강원도 구간만 달리겠다면 IN 삼척 임원, OUT 고성이 된다. 고성 통일전망대인증센터에서 가장 가까운 버스터미널은 대진시외버스터미널이다.

숙소와 보급

동해안자전거길은 해안선을 따라 조성되어 동해에 접한 주요 도시와 포구들을 다 경유하게 된다. 1일 80~100km 라이딩을 한다면 적어도 1개 이상의 시나 군을 지나가게 되어 있다. 따라서 자전거길 진입과 탈출이 편리하고, 보급과 식사도 어렵지 않다. 이 책에서 구간을 나눠 숙박지로 삼은 곳은 감포, 포항, 후포, 임원, 강릉이다. 이곳은 대도시이거나 숙박이나 식당이 많이 있는 곳이라 숙박지로 좋다. 이외에도 울진 죽변, 삼척 묵호, 양양, 속초도 중간 경유지로 삼기에 부족함이 없는 곳들이다.

주문진 해변을 달리는 여행자
(왼쪽)와 애국가에도 등장했던
삼척 추암 촛대바위의 데크길
(오른쪽)

동해안 종주의 대장정을 시작하다!

동해안 종주1
(울산~정자항~감포)

울산시·경주시

>> >> 종주 인증과 상관없이 동해안자전거길을 여행하고 싶다면 남쪽의 출발지는 울산이 된다. 태화강을 달리며 한국 산업화에 앞장섰던 울산과 산업전사들을 떠올려본다. 울산 시내에서 옛길이 된 31번 국도를 따라 무룡산을 넘어가면 동해바다가 펼쳐진 정자항이다. 이곳에서 강원도 고성까지 이어지는 동해안 종주 대장정이 시작된다.

난이도　70점

코스 주행거리	60Km(중)
상승 고도	769m(중)
최대 경사도	10% 이상(상)
칼로리 소모량	1,445kcal

코스 접근성　372km 대중교통 가능

―――― 고속버스 372km ――――

강남고속버스터미널　　　　　　　　　울산고속버스터미널

소요시간　9시간 35분

가는 길	코스 주행
버스 4시간 10분	5시간 25분

동해안자전거길 첫날 여정을 시작하는 울산은 광역시다. 인구 115만명이 사는 대도시이자 자동차와 조선소, 가스기지가 있는 우리나라 산업화의 상징 같은 도시다. 울산의 면적은 울주군과 통합되면서 특별시와 광역시 가운데 가장 넓다. 이처럼 도시가 웅장하다는 것은 초행길의 자전거 여행자에게는 상당히 부담이 된다. 어디나 그렇지만 대도시를 지나는 일이 가장 어렵고 힘들다. 특히, 대형 트럭을 비롯한 차량 통행이 많은 산업도시는 더욱 그렇다. 동해안자전거길이 아직 부산까지 이어지지 못한 것도 바로 울산이라는 거대한 산업도시가 가운데 자리하고 있기 때문이다.

서울에서 서둘러 출발해도 고속버스를 타고 울산에 도착하면 아침을 훌쩍 넘길 것이다. 이것까지 감안해서 첫날 여정의 절반은 울산을 빠져 나와 동해 바닷가에 도착하는데 사용해야 한다. 울산고속버스터미널을 나와 북쪽으로 향하면 울산의 젖줄 태화강을 만난다. 학성교를 건너 태화강자전거길을 찾아가면 일단 절반은 성공한 것이다. 이제 태화강에서 동천자전거길을 따라 북쪽으로 가다가 옛 31번 국도를 따라 무룡산을 넘기만 하면 된다. 우리나라는 내륙에서 동해로 가려면 백두대간이나 낙동정맥 같은 큰 산줄기를 넘어야 한다. 울산도 마찬가지다. 무룡산을 넘어야 비로소 동해바다와 만날 수 있다.

정자항에서 감포항으로 가는 자전거길과 차박을 하는 캠핑카.

① 부채꼴 모양으로 펼쳐진 양남주상절리. ② 동해안자전거길을 시작하는 울산고속터미널. ③ 울산을 가로지르는 태화강과 자전거길. ④ 태화강으로 흘러드는 동천강에 놓인 인도교.

울산시내를 벗어나 무룡산을 넘는 도로는 31번 국도가 직선화되면서 한적해진 옛길이다. 굽이굽이 산을 오르는 산길의 분위기나 난이도는 새재자전거길에서 만나는 소조령과 흡사하다. 마지막 관문이었던 무룡산을 넘어가면 쏜살같이 내리막을 달려 정자항에서 마침내 동해 바다와 만난다. 눈이 시리도록 짙푸른 바다가 이곳까지 찾아온 수고를 한순간에 날려버린다.

정자항부터는 마음이 편하다. 이제부터 바다를 오른쪽에 끼고 북쪽을 향해 달리기 시작한다. 입가에는 저절로 미소가 지어지고 페달링은 경쾌해진다. 첫날의 목적지는 경주시 감포항이다. 이곳까지 가는 중간중간 들려볼 곳도 많다. 부채꼴 모양의 주상절리를 볼 수 있는 양남주상절리길도 걸어봐야 한다. 수학여행 추억 어린 감은사지삼층석탑도 둘러봐야 한다. 감포항에서 맛볼 제철 해산물 생각에 더욱 행복해진다.

동천강을 빠져 나와 무룡고개 가는 길의 동해안자전거길 안내표시.

코스 접근

울산은 주요 도시에서 고속버스가 운행하고 있어 접근이 편리하다. 서울 강남고속버스터미널에서 울산고속버스터미널까지 1시간 간격으로 버스가 운행(첫차 06:30)한다. 소요시간은 4시간 10분, 요금은 우등버스 기준 3만8,300원이다. 동서울터미널에서도 2시간 간격(첫차 07:00)으로 버스가 있으나 낙동강휴게소에서 1회 환승해야 한다. 서울 청량리역에서 울산 태화강역으로 운행하는 중앙선 무궁화호 일부 열차에 자전거 거치대가 설치되었으나 지금은 운행하지 않는다.

코스 가이드

울산고속버스터미널에서 나오면 터미널사거리다. 이곳에서 화합로를 따라 북쪽 학성교를 향해 간다. 이 구간은 보행자 겸용 자전거도로를 이용한다. 학성교를 타고 태화강을 건넌 후 우회전 한다. 400m 정도 가면 태화강자전거길로 진입할 수 있다. 태화강자전거길로 진입해 500m 주행하면 태화강–동천강 합수부에 도착한다. 이곳에서 좌회전해서 동천강자전거길

을 따라 올라간다.

동천강자전거길을 따라 1km 주행하면 강 오른편으로 건너가는 보행교가 나온다. 보행교를 건너 강 오른편으로 난 자전거길을 따라 북쪽으로 달린다. 삼일교에 도착하면 동천강자전거길에서 빠져 나와 우회전 한다. 이곳부터 동해안자전거길 안내표시를 따라가면 된다. 도로 오른쪽에 조성되어 있는 보행자 겸용 자전거도로를 따라 연암교차로까지 이동한다. 연암교차로에서 좌회전 하면 31번 국도 옆으로 난 무룡로를 따라 무룡산을 넘어 정자항까지 간다. 이 길은 31번 국도가 직선화된 후 남겨진 옛길이라 한적하다.

정자항부터는 해안선을 따라서 달린다. 도로에 표시된 푸른 실선과 안내표지판을 따른다. 양주주상절리길은 하서항과 읍천항 사이에 조성되어 있다. 읍천항에서 출발한다면 부채꼴주상절리까지 거리는 340m다. 이 길은 자전거는 세워놓고 도보로 이동해야 한다. 도보 이동 없이 다녀오고 싶다면 경주양남주상절리전망대로 가면 된다.

나아해변에서 자전거길은 바다와 멀어져서 육지로 들어갔다가 나온다. 그 이유는 이곳에 월성원자력발전소가 있기 때문이다. 자전거길은 대본항에서 다시 바다와 만나는데, 자전거길 왼쪽에 감은사지삼층석탑이 있다. 감은사지삼층석탑부터 감포항까지는 해안선을 따라 간다.

울산에서 감포항까지는 전 구간 포장도로다. 동해안자전거길 안내표시도 되어 있다. 자전거 전용도로는 약 70% 정도다.

난이도

전체 상승고도는 769m다. 최대 업힐은 무룡산 구간이다. 오르막 길이는 3km 정도다. 경사도 10%가 넘는 급경사는 없다. 완만하게 산자락을 감아올라간다. 두번째 오르막은 월성원자력발전소 우회 구간에서 만난다. 완경사 오르막이 5km 정도 길게 이어진다. 거리는 길지만 체감하지 못할 정도로 완만하게 올라갔다 내려온다.

주의구간

울산시내를 빠져 나오는 구간이 좀 복잡하다. 하지만 보행자 겸용 자전거도로를 이용하면 라이딩에 큰 무리는 없다. 무룡산 구간도 차량 통행이 거의 없어 한적하게 라이딩할 수 있다. 정자항에서 감포항까지 해안을 따라 달리는 구간에서도 일부 공도주행을 하지만 거리가 짧아 부담이 없다. 일부 라이더 가운데 무룡산 구간을 지름길로 통과하려 마성터널이나 무룡터널로 진입하는 경우가 있는데 절대 추천하지 않는다. 이곳은 터널이 길고 차량 통행량이 많다. 월성원자력발전소 우회 구간에서도 거리를 줄이기 위해 봉길터널로 진입하는 경우가 있다. 그러나 봉길터널은 길이가 2km에 달하고, 노견이 좁아 위험하다. 절대 추천하지 않는다. 조금 돌아가더라도 자전거길을 따라가는 것이 가장 안전하다.

보급 및 식사

서울에서 아침 일찍 출발해도 울산에서는 점심 무렵에

① 경주시 양남면 수렴리에 있는 계단을 통과하는 구간. ② 정자항에서 감포로 이어진 자전거길. ③ 정자항에서 감포를 향해 해변을 따라 난 동해안자전거길. ④ 동천강자전거길과 동해안자전거길 안내표시.

나 라이딩을 시작한다. 식사는 터미널 인근에서 간단하게 해결하고 출발하는 것이 좋다. 터미널에서 학의교까지 이동하는 도로변에 패스트푸드점이 많다. 시간 절약을 위해 이곳을 이용하는 것도 방법이다. 감포항까지 가는 구간 전역에 식당, 카페, 편의점이 있어 보급에는 문제가 없다. 감포항에서 숙박하며 해산물로 저녁식사를 한다면 **감포수협활어직판장**(경주시 감포읍 감포항구길 91)을 추천한다. 비교적 저렴한 가격에 해산물을 맛볼 수 있다. 1층에서 구매해서 2층 초장집으로 올라가는 시스템이다. 자리값은 1인 5,000원을 받는다. 2층 식당으로 올라가는 엘리베이터를 이용할 수 있어 자전거와 함께 이동할 수 있다. 문을 닫는 시간은 직판장 20:00, 초장집 21:00이다.

숙소

정자항에서 감포항에 이르는 해안을 따라 펜션과 모텔이 즐비하다. 자전거 여행자는 식당과 편의점이 모여 있는 항구 주변에 숙소를 잡는 것이 좋다. 감포항 초입에 숙소가 모여 있다. **늘시원펜션**(☎ 0507-1344-7372, 경주시 포로2길47)은 펜션과 모텔을 같이 운영한다. 모텔은 2인 기준 평일 4만원이다. 가격 대비 깔끔한 편이다.

여행정보

경주시 읍천항과 하서항 사이에 있는 경주양남주상절리는 용암이 흐르다 식어 만들어진 주상절리대다. 이곳이 특별한 이유는 대부분의 주상절리가 수직 방향으로 만들어진 것과 달리 이곳은 수평 방향으로 형성되어 있어서다. 특히 부채 모양으로 퍼져나간 '부채꼴절리'는 라이딩을 잠시 멈추고 관람해볼 만한 가치가 있다. **주상절리전망대**(경주시 양남면 동해안로 498-13). 감은사지삼층석탑은 신라의 불교 문화를 느껴볼 수 있는 아름다운 유적이다. 태종무열왕릉의 수중릉을 바라보는 이견대도 놓치지 말자.

① 경주 감은사지삼층석탑.
② ③ 감포항의 별미 가자미회.

동해의 땅끝 호미곶을 달린다!

동해안 종주2
(감포~호미곶~포항)

경주시·포항시

>> >> 동해의 땅끝 호미반도를 일주하는 날이다. 과메기의 고향 구룡포를 둘러보고, 호미곶의 상징 '상생의 손'과 기암괴석도 구경한다. 최백호가 부른 '영일만 친구'를 흥얼거리며 동해바다를 마음껏 품어본다. 라이딩 마무리는 포스코가 마주 보이는 영일대해변으로 한다.

난이도　**70**점

코스 주행거리	81Km(상)
상승 고도	823m(상)
최대 경사도	10%이하(중)
칼로리 소모량	1,532kcal

누적 주행거리　**141**km

|←——— 1일차 60km ———→|←——— 2일차 81km ———→|

| 울산 | 감포 | 구룡포 | 호미곶 | 포항 |

누적 소요시간　**18시간 8분**

가는 길	1일차 코스주행	2일차 코스주행
버스 4시간 10분	5시간 25분	8시간 33분

① 주변 풍경이 아름다운 감포 송대말등대. ② 자전거길 주변에서 미역을 말리는 사람들.

동해의 해안선은 복잡하게 들고 나는 서해나 남해와 다르다. 낙동정맥을 따라 남북으로 길게 이어지는 단조로운 형태다. 그러나 한 곳 호미반도는 예외다. 이곳은 동해의 해안선 가운데 유일하게 바다로 돌출되어 있다. 대륙으로 튀어나가는 용맹한 호랑이의 꼬리 부분에 해당한다고 해서 호미(虎尾)라는 이름이 붙었다. 그중에서도 가장 바다와 가깝게 뾰족하게 돌출되어 나온 지점이 바로 호미곶이다.

동해안자전거길 가운데 포항 구간의 8할은 호미반도를 통과하는 여정으로 채워진다고 해도 과언이 아니다. 첫날 숙박했던 감포항을 벗어나 라이딩을 시작하면 얼마 지나지 않아 두원리에서 포항시 경계로 진입한다. 동해안자전거길과 같은 길을 공유하는 걷기길로 '해파랑길'이 있다. 이 구간 해파랑길은 포항시가 호미곶둘레길이라는 이름을 하나 더 붙였다.

포항시에 접어들어 남에서 북으로 달리다 보면 구룡포와 만난다. 과메기의 고향으로 알려진 구룡포는 과거 일제가 어업자원을 남획해 갔던 대표적인 수탈지 가운데 한 곳이다. 그 역사를 증명하듯 아직도 포구에는 일본식 적산가옥 50여 채가 남아 일본인 가옥거리를 이루고 있다. 이 거리와 구룡포공원 일대를 통틀어 구룡포문화거리라 부른다. 일제 침탈의 흔적이 구룡포를 대표하는 관광자원이 되어버린 셈이다. 구룡포에서는 잠시 자전거길에서 벗어나 아픈 역사를 더듬어보자.

구룡포를 지나 본격적으로 호미반도를 달린다. 호미곶에 가까워질수록 주변 풍경은 점점 단조로워진다. 한갓진 해안 풍경과 함께 거무스름한 현무암으로 이루어진 주상절리와 해안 단구 지형이 제주도의 해안 풍경과 흡사하다. 마침내 도착한 동쪽 땅끝, 호미곶에서는 무엇인가를 움켜쥐려는 듯한 모양을 하고 있는 거대한 상생의 손 조형물이 여행자들을 맞아준다.

호미곶의 들뜬 분위기를 뒤로하고 호미반도 서쪽으로 접어들면 길은 거칠어진다. 공도를 따라 업다운이 이어져 영일만으로 진입하려는 라이더의 의지를 테스트한다. 이 난코스를 벗어나면 자전거길은 포항 도심으로 연결된다. 영일만 가장 깊숙한 곳에는 한국 제조업의 심장 포스코가 있다. 자전거길은 공장의 남측과 서측을 크게 한 바퀴 돌아나간다. 라이딩의 재미는 떨어지만 제철소의 거대한 규모를 실감하는 특별한 경험을 할 수 있다. 형산강으로 접어들면 여느 대도시와 다름없이 자전거길은 편안해진다. 송도해수욕장 지나 영일대해변에 도착하면 해변을 따라 늘어서 있는 화려한 위락지구가 여행자를 반긴다. 이곳에서 동해안 종주 2일차 여정을 마무리 한다.

① 하늘에서 내려다본 호미곶 상생의 손과 주변 풍경. ② 오징어를 말리는 한가한 어촌을 지나 구룡포로 가는 라이더. ③ 일제가 수산자원을 침탈한 아픈 역사를 간직한 구룡포 전경. ④ 구룡포에 남아 있는 일본 적산가옥 거리.

코스 접근

포항에서 서울을 비롯한 주요 도시로 오갈 수 있다. 포항고속버스터미널에서 서울 강남버스터미널까지 1시간 간격으로 버스가 운행(막차 01:00)된다. 소요시간은 3시간 40분, 요금은 3만7,800원이다. 포항시외버스터미널에서는 경주를 경유해 동서울터미널로 가는 버스가 1시간 간격으로 운행(막차 17:40)한다. 소요시간은 4시간 30분, 요금은 3만8,900원이다. 고속버스와 시외버스터미널 모두 형산강자전거길과 멀지 않은 곳에 있어 자전거로 접근하기 좋은 편이다.

코스 가이드

감포항을 완전히 빠져 나가기 전 노벰버리조트 인근에서 잠시 동해안자전거길에서 이탈해 송대말등대를 찾아가보자. 자전거길에서 200m 떨어져 있는 송대말등대는 감포1경으로 불린다. 등대 자체 풍광도 운치 있지만, 이곳에서 바라보는 감포항 조망이 아름답다.

감포항에서 구룡포항까지는 특별히 헷갈리는 곳이 없다. 표지판을 따라 달리면 된다. 구룡포항에서는 일본인 가옥거리를 들렀다 가자. 일본인 가옥거리는 아라광장 인근 해안도로에서 한 블록 안쪽에 있다. 일본인 가옥거리 길이는 300m 정도다. 중간에 공원으로 올라가는 계단이 있다. 공원은 계단 아래 자전거를 잠시 세워 두고 다녀와야 한다.

구룡포항에서 계속 북쪽으로 이동하면 호미곶 해맞이광장에 도착한다. 이곳을 빠져나오면 해안가의 명물 독수리바위와 악어바위 전망대를 차례로 지나면서 영일만으로 향한다. 동해안자전거길 호미반도 구간은 도구해수욕장 인근에서 종료된다. 도구해수욕장을 지나면 포항공항과 포스코제철소를 통과한다. 동해안자전거길 포항 구간에서 가장 지루하고 재미없는 지점이다. 포항공항 인근에서 한 번 길이 헷갈리는데, 공항삼거리로 이동한 다음 횡단보도를 건너 동해안로를 따라 가면 된다.

포스코제철소를 통과하면 형산교를 건너 형산강자전거길로 진입한다. 송도해변을 따라서 주행하다 동해안종주 자전거길 표시를 따라 횡단보도를 건너 좌회전

구룡포에서 호미곶으로 가는 해안도로. 제주의 해안도로를 닮았다.

① 포항 영일대해변의 야경. ② 경주 감포 오류캠핑장에 세워진 캠핑트레일러. ③ 포스코를 끼고 돌아가는 동해안자전거길.
④ 번화한 포항 영일대해변.

한다. '동빈큰다리'를 건너 우회전 하면 동빈내항의 자전거길을 따라 영일대해수욕장까지 연결된다.

감포항에서 호미반도를 거쳐 포항까지는 전 구간 포장도로를 달린다. 안내표시도 잘 되어 있으며, 자전거 전용도로는 90%다.

난이도

해안을 따라 달리지만 상승고도는 823m에 달한다. 이 구간 최대 업힐은 호미곶을 빠져 나오면 만나는 호미사랑숲이다. 약 7%의 경사도가 1.2km 가량 길게 이어진다. 이 곳을 제외하고도 포구를 지날 때마다 반복적으로 크고 작은 업다운이 있어 전체적인 상승고도가 높게 나온다. 호미곶에서 포항시내로 가는 호미반도 서쪽 구간은 자전거가 주행할 수 있는 노선이 없는 곳도 많다. 다행히 업힐을 해야 하는 호미사랑숲 부근은 자전거 전용도로가 있어 그나마 차량에 신경을 덜 쓰며 업힐에 집중할 수 있다.

주의구간

동해안자전거길은 해안길, 일반 공도, 자전거 전용도로 등 다양한 구간을 주파하게 설계되어 있다. 이 구간도 마찬가지다. 난이도 부분에서 언급했듯이 호미반도 서쪽 구간은 도로 폭이 좁아 자전거가 주행할 수 있는 노선이 없는 곳이 많다. 포항에서 호미곶을 오고 가는 차량 통행도 빈번하기 때문에 주의가 필요하다. 동해안자전거길에서는 경사도가 엄청난 황당한 구간이 가끔 나타나는데, 포항 구간도 마찬가지다. 구룡포항 남쪽에 체감 경사도 10%가 훌쩍 넘는 200m쯤의 급경사 구간이 있다. 이곳은 끌바가 필요하다.

보급 및 식사

아침식사는 감포항에서 해결하고 출발한다. 보통 종주 여행자는 이른 시간부터 라이딩을 시작한다. 하지만, 항구 주변 식당들은 오전 9시가 넘어서 문을 여는 경우가 많다. 아침을 먹을 식당을 미리 확인해두는 게 좋다.

봄철 감포항의 아침식사는 가자미미역국을 먹게 될 확률이 높다. 점심은 구룡포에서 먹는 것이 좋다. 항구를 따라 즐비한 횟집과 대게집이 부담스럽다면 이곳의 명물 모리국수를 맛보자. 이 곳 어부들이 해산물과 국수를 넣어 칼칼하게 끓여먹던 음식인데, 내용물이 뭐가 들었는지 몰라 모리국수라 불리게 되었다고 한다. 혜원모리국수(☎ 0507-1354-4402)도 모리국수(8,000원)로 유명한 식당이다.

포항시내에 있는 영일대해변 주변 식당가는 대도시 유흥가와 다를 바 없다. 고기집에서 횟집, 레스토랑까지 다양한 종류의 식당과 주점이 있다. 포갈집(☎ 010-3200-1967)은 현지인들이 즐겨찾는 고깃집이다. 포항식 갈비살 포갈살(1인분 1만900원)이 맛있다. 예약은 불가하고 수시로 대기가 발생한다. 포항에 일찍 도착했다면 동해안 최대 어시장이라는 죽도시장에 들러 싱싱한 해산물 요리를 먹는 것도 좋다.

숙소

영일대해변 주변에는 다양한 가격대의 숙소들이 많다. 해변가에 위치한 숙소 바다 조망이 되는 객실 가격이 가장 높다. 평일은 7만원선이며, 주말에는 가격이 거의 두 배 정도 오른다. 해변에서 한 블록 안쪽 바다 조망이 되지 않는 숙소들은 상대적으로 저렴하다. 영일대해변은 도심 속 해변이라 밤늦도록 번화하다.

여행정보

호미반도 최대의 관광명소는 구룡포와 호미곶이다. 구룡포 일본인 가옥거리 분위기는 다른 지역 근대문화유적과 크게 다르지 않다. 이곳이 유별나게 관광객이 많이 찾는 이유는 2019년 방영했던 KBS 드라마 '동백꽃 필 무렵' 촬영지이기 때문이다. 드라마 속 주인공이 찾았던 구룡포공원으로 오르는 계단은 SNS성지가 됐다. 호미곶에 도착하면 대부분 상생의 손을 배경으로 사진을 찍는다. 그러나 이곳에는 눈에 잘 띄지 않지만 의미 있는 건축물이 하나 있다. 바로 호미곶등대다. 인천 팔미도등대에 이어서 1908년에 우리나라에서 두 번째로 세워진 근대식 등대다. 인근에 국내 유일의 등대박물관도 있다.

① 구룡포에서 핫한 관광지가 된 일본 적산가옥 거리. ② 감포에서 아침으로 먹은 가자미 미역국. ③ 구룡포의 명물 모리국수.

바다가 푸른 블루로드를 따라

동해안 종주3
(포항~강구항~후포)

포항시·영덕군

>> >> 호미반도 돌아 포항을 빠져 나온 자전거길은 이제 영덕 블루로드로 진입한다. 화려한 명승지를 지나가지는 않지만 한결 한적해진 주변 분위기는 오직 라이딩에만 집중할 수 있게 해준다. 동해의 푸른 바닷빛이 점점 영롱해진다. 영덕 해맞이공원부터는 동해안자전거길 종주인증이 시작된다.

난이도   **70점**

코스 주행거리	90Km(상)
상승 고도	858m(상)
최대 경사도	10% 이하(중)
칼로리 소모량	1,648kcal

누적주행거리   **231**km

├── 1일차 60km ──── 2일차 81km ──┤├── 3일차 90km ──┤

| 울산 | 감포 | 포항 | 강구항 | 후포 |

누적 소요시간   **25시간 26분**

가는길	1일차 코스주행	2일차 코스주행	3일차 코스주행
버스 4시간 10분	5시간 25분	8시간 33분	7시간 18분

3일차 라이딩은 기호지세(騎虎之勢)의 형국이다. 호미곶을 거쳐서 호랑이 꼬리를 빠져 나왔으니 이제부터는 본격적으로 호랑이 등에 올라타고 달리게 된다. 중간에 멈추거나 물러설 수도 없다. 이제 북쪽을 향해 내쳐 달려야 한다. 척추 뼈의 굴곡같이 반복되는 해안가 자전거길의 업다운도 어느 정도 익숙해졌다.

라이딩 초반은 포항을 빠져 나오는 데 할애한다. 근사하게 이어지던 영일대해변의 자전거길은 환호공원 인근에서 끊어진다. 삭막한 영일만 산업단지를 통과한 다음에야 칠보해수욕장 부근에서 다시 바다와 만난다. 동해안 종주 3일째는 초반에 가장 재미없는 구간을 통과한 셈이다. 칠보와 오도해변을 지나면 이가리해변에 도착한다. 이곳에는 닻 모양을 형상화한 이가리닻전망대가 있다. 이 전망대는 동쪽으로 251km 떨어져 있는 독도를 향하고 있다. 이곳부터 경북 해안길 곳곳에 독도와 관련된 조형물과 시설물이 설치된 것을 볼 수 있다.

화진해변을 지나면 포항을 벗어나 영덕으로 진입한다. 이곳의 바닷길은 블루로드로 불린다. 하나로 연결된 동해바다의 색깔이 이곳에서만 특별히 달라질 일은 없겠지만, 블루로드라는 명칭만으로도 라이딩의 기분은 한층 업 된다. 영덕에서 첫번째로 만나는 장사해변에서 제일 먼저 눈에 들어오는 것은 거대한 상륙함이다. 인천상륙작전을 성공시키기 위해서 진행되었던 장사상륙작전 전적지다. 상륙함은 당시 실제로 사용되었던 문산함이다. 영덕의 자전거길은 울산과 포항 구간에 비해서 훨씬 한갓지다. 차량의 통행량도 줄어들고 인적도 드문 까닭에 여유롭게 라이딩에 집중할 수 있다. 강구항으로 들어서면 분위기는 다시 한번 반전된다. 이제부터 어느 곳으로 눈을 돌려도 대게 모양의 간판과 조형물을 보게 된다. 해안가 곳곳에 위치한 대게 집들에서 게를 찌는 냄새가 진동한다.

대게의 고향 강구항을 지나 더 북진하면 영덕해맞이공원에 도착한다. 게 다리 모양의 등대가 인상적인 이곳은 자전거 여행자들에게 특별한 의미를 갖는다. 동해안자전거길 경북 구간 첫번째 인증센터가 바로 이곳에 있기 때문이다. 종주인증을 목적으로 동해안자전거길을 라이딩 한다면 울산이 아닌 바로 이곳 해맞이공원인증센터가 여행의 시발점이 된다. 이제부터는 인증센터를 확인하면서 자전거길을 이어 달리게 된다. 고래불해변인증센터를 지나면 자전거길은 울진으로 진입한다. 블루로드가 끝나고 울진 대게로드가 시작된다.

포스코가 마주 보이는 영일대해변의 포토 스폿.

① 대게식당이 몰려 있는 영덕 강구항 풍경. ② 영덕 해맞이공원의 창포말등대.

코스 접근

동해안자전거길 경북구간 종주인증을 목표로 한다면 남쪽 시작점은 영덕이다. 강구항 인근에 위치한 영덕터미널에서 강남고속버스터미널로 직행버스가 운행된다. 서울~영덕은 하루 3회 차편이 있다. 서울 출발 첫차는 07:20, 영덕에서 서울 가는 막차는 18:00에 있다. 요금은 3만5,700원. 소요시간은 4시간 20분이다. 영덕터미널에서 해맞이공원인증센터까지는 약 10km다. 3일차 도착지점인 울진 후포에서도 동서울터미널로 가는 차편이 있다. 동서울~후포는 하루 6회 차편이 있다. 서울 출발 첫차는 07:10, 후포에서 서울 가는 막차는 16:45이다. 요금은 4만5,600원. 소요시간은 4시간 30분이다. 중간에 영주를 경유한다. 울산을 출발해 2박3일 일정으로 후포에서 1구간 라이딩을 마무리 한다면 16:45 전까지 터미널에 도착해야 한다. 이 차편을 놓치면 동대구터미널을 거쳐 서울로 가야 한다. 후포까지 가는 게 무리라면 영덕에서 돌아가는 것도 방법이다.

코스 가이드

포항에서 후포항까지 3일차는 전 구간 포장도로를 달린다. 안내표시도 잘 되어 있다. 자전거 전용도로는 90% 정도다. 포항 영일대해변 자전거길은 매끄럽게 뻗어 있다. 이 자전거길을 계속 따라 가면 좋겠지만, 동해안자전거길은 중간에서 나뉜다. 환호여자중학교 부근에서 횡단보도를 한 번 건넌 다음 삼호로와 새천년대로를 따라 포항 도심을 빠져나간다. 자전거길은 인도에 보행자 겸용으로 조성되어 있다.

영일만2산업단지를 빠져나오면 칠포해변과 만난다. 이곳부터는 해안선을 따라 간다. 이가리닻전망대는 이가리해변과 용두리해변 사이에 있다. 전망대는 도로와 높이가 같다. 일부러 올라갈 필요없이 잠시 자전거를 세워놓고 돌아보기 편리하다. 장사해변을 지나면 자전거길은 7번 국도와 나란히 데크길로 만들어졌다. 2021년 4월 기준 중간에 파손된 곳이 있다. 샛길로 빠져나갈 곳이 전혀 없어 차도 노견으로 나와 자전거를 끌고 파손된 구간을 통과해야 한다.

바다 위에 만들어 놓은 이가리닻전망대.

① 영덕 블루로드를 달리는 라이더와 캠핑카.
② 영덕 해맞이공원인증센터.
③ 장사상륙작전 전승기념관으로 사용되는
문산함.

강구항에서는 강구대교를 건너 크게 돌아나간다. 해맞이공원인증센터와 고래불해변인증센터는 20km 거리다. 후포항 남쪽으로 진입하는 도로 일부 구간이 파헤쳐져 비포장 상태에 있다. 로드 자전거는 이 코스에서 유일하게 내려서 통과해야 하는 구간이다.

난이도

총 상승고도는 858m다. 2일차 감포항~포항 구간보다 약간 더 높다. 3일차 최대 업힐은 동해안자전거길 첫 번째 인증센터가 있는 영덕 해맞이공원이다. 약 10%의 경사도가 1.2km 가량 이어진다. 이곳을 제외하고도 크고 작은 업다운 구간을 반복적으로 통과하기 때문에 상승고도가 높게 나온다. 그래도 호미반도를 돌아오는 2일차와 비교해 상대적으로 한갓지고, 자전거 전용도로도 잘 갖춰져 있어 체감 난이도는 포항 구간보다 덜한 편이다.

주의구간

포항을 빠져나오면서 초반에 통과하는 영일만 산업단지 부근은 도로 폭도 넓고 대형 트럭 주행도 빈번하다. 가능한 인도에 설치된 자전거도로를 통해 통과하는 것이 좋다. 사거리에서도 차량과 같이 출발하지 말고 횡단보도 신호가 바뀐 것을 확인하고 건너야 한다. 영덕 구간에서도 일반 공도를 주행하는 곳이 있다. 하지만 포항 구간에 비교해 노견이 확보된 곳이 많고, 차량 통행량도 적은 편이라 상대적으로 주행하는 데 부담이 덜하다.

보급 및 식사

아침식사는 영일대해변에서 해결하고 출발한다. 24시간 운영하는 패스트푸드점을 비롯해서 다양한 종류의 식당이 있어 선택의 폭이 넓다. 이전 구간과 마찬가지로 3일차도 코스 전역에 걸쳐 식당과 카페가 있어 보급에 큰 무리가 없다. 다만, 포항 구간과 비교해 편의점 찾기는 조금 더 힘들어진다. 점심은 강구항 인근에서 먹는 것이 좋다. 온통 대게 식당이 즐비한 곳이라 간단하게 점심 먹을 곳 찾기가 쉽지 않다. 강구항 북측 해파랑공원 입구에 위치한 **생선구이집(☎** 0507-1331-1828, 영덕군 강구면 영덕대게로 153-1)은 생선구이정식(1만5,000원)이 맛있는 집이다. 생선구이와 함께 돼지고기 김치찌개도 푸짐하게 준다. 3일차 종착지 후포항 역시 대게 산지로 유명하다. 포구 곳곳에 대게 식당들이 영업한다. 저렴하게 해산물을 맛보고 싶다면 **후포어시장회센터**(울진군 후포면 울진대게로 169-71)로 가는 게 좋다. 이곳은 횟집 10여곳이 모여 있는 작은 도매센터다.

숙소

후포와 강구항 일대는 고속도로가 열린 후 경북 지역 어촌 중에서 가장 번화해졌다. 새로 문을 연 펜션이나 모텔 같은 숙박업소가 많아 숙소를 구하는데 무리가 없다.

여행정보

첫번째 인증센터가 위치하고 있는 영덕해맞이공원은 산불로 황폐화된 지역에 조성된 공원이다. 일출 명소로 알려져 있으며, 대게 다리 모양의 창포말등대가 유명하다. 이 구간에서 동해안자전거길은 강축해안도로를 따라 가고, 해파랑길은 하단 산책로를 따라 가도록 되어 있다. 해맞이공원 상단에는 풍력발전단지가 조성되어 있다. 동해안자전거길에서 이탈해 영덕신에너지재생관 쪽으로 올라가면 풍력발전기의 거대한 바람개비 사이를 자전거로 주행할 수 있다. 고래불해변은 백사장 길이가 8km에 달해 명사이십리해변으로 불린다. 해변 이름은 앞바다에서 고래가 분수를 뿜어내는 것을 보고 고래가 노는 불이라 한 것에서 유래되었다고 한다.

① 고래불해변의 고래 조형물.
② 영덕의 대게 조형물.
③ 강구항 생선구이집의 생선구이 정식.

동해바다의 원조 강원도의 품에 들다

동해안 종주4
(후포~울진읍~임원)

울진군·삼척시

>> >> 울진의 바닷길은 대게로드로 불린다. 울진은 붉은빛이 도는 금강송이 자전거길의 또 다른 배경이 되어준다. 경북 구간 자전거길 가운데 가장 멋진 풍경을 보여준다. 울진 구간을 통과하면 320km를 달려왔던 경상도 구간은 종료된다. 이제 동해바다의 원조 강원도로 접어들어 종주여행의 2막을 시작한다.

난이도　70점

코스 주행거리	86Km(상)
상승 고도	855m(상)
최대 경사도	10% 이하(중)
칼로리 소모량	2,073kcal

누적 주행거리　317km

1일차 60km	2일차 81km	3일차 90km	4일차 86km
울산터미널　감포항	포항 영일대	후포항	임원항

누적 소요시간　32시간 46분

가는길	1일차 코스주행	2일차 코스주행	3일차 코스주행	4일차 코스주행
버스 4시간 10분	5시간 25분	8시간 33분	7시간 18분	7시간 20분

짧지만 아주 가파른 업힐 구간이 종종 숨어 있는 울진의 동해안자전거길.

동해안자전거길 누적 4일차는 후포에서 시작해서 삼척 임원항까지다. 4일차 여정의 대부분은 울진군을 통과하는 데 사용된다. 그만큼 울진이 접한 동해 해안선이 길다. 해안선만 긴 게 아니다. 자전거길이 지나는 울진의 바닷가는 아름다우면서 한적하다. 울진을 지나면 마침내 경북을 벗어나 강원도땅 들어선다.

영덕 바닷길을 블루로드라 부른다면 울진의 바닷길은 대게로드로 부른다. 대게의 맹주 자리를 차지하기 위해서 영덕과 울진이 치열하게 경쟁하는 모양새인데, 자전거길에서 마주하는 대게 상징물들은 일단 울진쪽이 한 수 위다. 후포항에서 라이딩을 시작하면 항구 북단에 새롭게 생겨난 명소 한 곳을 지나게 된다. 2020년 개장한 등기산 스카이워크다. 길이 135m로 제법 멀리 바다를 향해 돌출되어 있다. 자전거길은 스카이워크 바로 아래를 통과해 후포항에서 벗어난다.

대게, 푸른바다와 함께 울진의 자전거길에서 한 가지 더 눈여겨봐야 할 것이 있다. 소나무다. 울진에 자라는 소나무는 금강송이라 불린다. 자라는 속도가 느려 나이테가 치밀하고 단단해서 귀한 목재로 대접받았다. 기능적인 우수함뿐만 아니라 붉은빛이 도는 우아한 자태는 감탄사가 절로 나온다. 곰솔이라 불리는 해송과는 그 모습이 확연히 다르다. 울진에서는 금강송숲을 지나는 구간이 여럿 있다. 인증센터가 있는 월송정도 그 중 한 곳이다.

해안으로 난 자전거길을 따라 망양정과 촛대바위를 지나면 자전거길은 잠시 왕피천으로 진입한다. 이곳의 상징 은어다리를 건너 울진읍을 통과한다. 읍내를 빠져 나온 자전거길은 곧이어 죽변항으로 들어선다. 영덕 강구항과 쌍벽을 이루는 울진의 대게 산지다. 죽변항을 통과하는 자전거길은 경로가 독특하게 설계되어 있다. 자전거길은 항구의 동쪽에서 갑자기 마을 골목길로 파고 들어간다. 초행길의 여행자에게는 당황스러우면서도 재미있는 구간이다.

죽변항을 빠져나오면 후정, 나곡해변을 연이어 통과하며 부지불식간에 강원도 경계로 접어든다. 가스저장소가 있는 호산항을 지나면 자전거길은 바다와 멀어지며 7번 국도 옛길을 따라 간다. 4일차 종착점 임원항이 머지 않았다는 안도감이 밀려오는 순간이지만, 마지막까지 긴장을 풀지 말아야 한다. 완만한 경사의 업힐은 오늘의 마지막 관문이라는 희망을 준다. 하지만 오르막길은 쉽게 끝나지 않는다. 희망고문 같은 이런 오르막을 세 번 연속으로 넘는다. 라이더들은 이런 혹독한 신고식을 치른 후에야 비로서 임원항에 들게 된다.

① 동해안자전거길 경북 구간에서 가장 아름다운 바닷길을 간직한 울진 대게로드. ② 해안에 자리한 울진의 명물 등기산스카이워크. ③ 울진 해안도로에서 볼 수 있는 대게 조형물.

Finish
임원항

임원인증센터

동해안자전거길
강원 구간

삼척시

강원도

가곡면

원덕읍

호산산업단지
월천해수욕장
고포해수욕장
나곡해수욕장

덕구온천

후정해수욕장

죽변항등대
(독도 최단거리 표지석)

구수곡자연휴양림

봉평해수욕장

울진읍

울진은어다리인증센터

왕피천케이블카

망양정해수욕장

불영계곡

오산항
망양휴게소인증센터

망양정 옛터

경 상 북 도

동해안자전거길
경북 구간

울 진 군

울진비행훈련원

구산항
월송정인증센터

백암온천

평 해 읍

영 양 군

Start
후포항

등기산 스카이워크

임원항

월송정
인증센터   망향휴게소
인증센터   울진은어다리
인증센터   죽변항 등대   임원
인증센터

100(m)
50
0

0   10   20   30   40   50   60   70   80   90(km)

코스 접근

4일차 주요 기점은 울진읍과 죽변항, 임원항이다. 이들 주요 기점까지는 동서울버스터미널에서 동해와 삼척을 거쳐 가는 완행버스가 이어준다. 하루 10회 운행되는 이 버스의 일부 차편은 후포까지 운행한다. 서울~임원항 소요시간은 3시간 20분, 요금은 2만8,400원이다. 임원항에서 서울 가는 막차는 18:50, 서울에서 임원으로 가는 첫차는 07:10에 있다. 임원종합버스터미널(☎ 033-572-5266)

코스 가이드

후포항을 출발해 11km 가면 월송정인증센터에 도착한다. 이곳을 지나 봉산리까지 오르막 없이 해안길을 따라 간다. 그러나 오르막 없이 편안하던 길은 기대를 져버리지 않고 울진비행훈련원 북단에서 첫번째 업힐을 준비하고 기다린다. 후포항 기준 18km 지점이다. 이곳을 지나면 다시 해안선을 따라 자전거길이 나 있다. 후포항에서 30km 달리면 관동팔경의 하나 망향정이다. 언덕에 있는 망향정 정자 아래 망향휴게소인증센터가 있다. 보급과 휴식을 취하기에 좋은 곳이다. 망향정에서 왕피천을 만나 서쪽으로 1.5km 정도 강변로를 따라 주행한다. 왕피천을 건너 인증센터가 있는 은어다리를 건너 울진 읍내로 진입한다. 읍내에서는 연호공원 부근에서 길이 헷갈린다. 삼거리에서 동해안자전거길 표시는 오른쪽으로 안내하는데, 왼쪽 울진중학교 쪽으로 진입해야 한다. 다만, 어떤 길로 가더라도 대나리항에서 만난다.

울진읍에서 죽변항까지는 해변을 따라서 무난한 길이 연결된다. 죽변항은 항구 끝에서 북쪽으로 난 등대길을 따라 골목길로 진입한다. 오른쪽으로 죽변등대와 울진스카이레일바이크가 조망된다. 항구를 빠져나오면 해양과학길을 따라서 국립해양과학관을 지나간다. 월천항을 지나면서 강원도로 진입한다. 가곡천을 건너 원덕읍부터는 7번 국도 옛길을 따라 임원항까지 간다. 업다운이 몇번 반복되는 피곤한 업힐 구간이다.

임원인증센터 : 동해안자전거길 강원도 구간 시작점은 임원인증센터다. 따라서 강원도 구간을 남에서 북으로 종주한다면 여행의 출발지는 임원항이 된다. 종주인증을 위해 임원인증센터에서 도장을 찍고 라이딩을 시작해야 하는데, 인증센터 위치가 좀 애매하다. 임원인증센터는 임원버스터미널에서 1.5km 남쪽에 있다. 따라서 남쪽으로 내려왔다가 도장을 찍고 다시 북쪽으로 가야 하는 번거로움이 따른다.

① 관동팔경의 하나 월송정과 인증센터. ② 왕피천을 따라 나 있는 동해안자전거길.

① 왕피천을 건너가는 울진은어다리.
② 동해안자전거길 울진읍 구간의 금강
송숲에 조성한 데크길.
③ 호산항 가스저장소와 동해안자전거
길을 달리는 라이더.

난이도

상승고도는 855m다. 2일차와 3일차 포항~후포 구간
과 엇비슷하다. 그런데도 훨씬 더 힘들게 느껴진다. 그
이유는 오르막 구간이 대부분 주행거리 60km 이후 후
반부에 몰려 있기 때문이다. 체력이 소모된 상태에서
오르막을 만나면 초반보다 훨씬 더 힘들다. 특히, 임원
항 도착 전에 있는 쓰리콤보 업힐은 초행길 여행자의
멘탈을 무너뜨릴 정도다.

주의구간

4일차 후포~임원 구간에 있는 업힐은 내리막길이 직
선으로 한 번에 내리꽂는 곳이 많다. 마음껏 속도를 내

고 싶은 욕심이 든다. 그러나 다운힐 시 과속하지 말고
적정한 속도를 유지하자. 이 구간 일반 공도 주행은 거
리나 차량 통행량 등이 이전 코스와 비슷하며 특이 사
항 없이 무난한 수준이다.

보급 및 식사

아침식사는 후포항에서 해결한다. 점심은 울진읍이나
죽변항에서 하는 게 좋다. 이곳을 제외하고도 1~2시
간 간격으로 보급을 할 수 있는 면소재지를 지난다. 2
박3일씩 2회로 나눠서 종주를 할 때도 후포항이 종료
점이자 출발점이 된다. 점심에 도착한다면 중식도 괜
찮다. **고바우**(☎ 054-788-1116, 울진군 후포면 후포

로179)는 관광객들이 즐겨 찾는 중식당이다. 비주얼은 홍게짬뽕이나 문어짬뽕이 좋지만, 가성비를 생각하면 볶음밥(1만원)이나 해물짬뽕(1만3,000원)이 무난하다. 도착지 임원항은 항구 초입에 활어회시장이 길게 늘어서 있다. 가격은 어느 집이나 동일하다. 2인 기준 모둠회가 5만~6만원쯤 한다. 이곳의 특징은 자연산 잡어회를 맛볼 수 있다는 것이다. 쥐치, 도다리 같은 자연산 잡어를 뼈째 썰어내는데 싱싱한 맛이 일품이다. 관광지로 이름난 장호항에 숙소를 잡은 사람들도 회는 임원항에서 먹고 가는 경우가 많다. 시장 중간쯤에 위치한 **경북금호횟집(☎ 010-9545-1754)**이 인심이 좋다. 영업시간은 21:00까지다.

숙소

임원항은 관광지로 유명한 곳이 아니라서 숙소 선택의 폭이 넓지는 않다. 펜션은 몇 곳 없다. 대부분 모텔이나 민박집이다. 숙박요금은 시설에 따라 4만~6만원 선이다. 여행지다운 분위기를 원한다면 10km쯤 더 달려서 장호항으로 가야 한다.

여행정보

울릉도와 가장 가까운 항구는? 울릉도로 가는 가장 짧은 뱃길 출발지는 후포항이다. 육지에서 직선으로 가장 가까운 곳은 죽변항이다. 이곳에서 독도까지 거리는 216.8km다. 죽변항등대가 있는 포항지방해양수산청 죽변항로표지관리소 인근에 최단거리 표시석이 있다. 월송정과 망향정은 관동팔경에 등장하는 이름난 정자다. 이곳은 일출은 물론 달맞이 명소다. 동해안자전거길이 지나는 곳에 있으니 조망을 즐기고 가자. 죽변항에는 드라마 '폭풍속으로' 촬영세트가 있다. 이곳에서 바라보는 동해바다와 죽변항이 멋지다.

① 동해안자전거길 울진 구간 곳곳에서 볼 수 있는 대게 조형물. ② 죽변항에 있는 독도 최단거리 표시석.
③④ 임원항 회센터의 횟집과 자연산 잡어회.

재와 고개를 넘는 고되고 화려한 자전거길

동해안 종주5
(임원~추암촛대바위~경포)
삼척시·동해시·강릉시

>> >> 임원항에서 강릉 경포까지는 동해안자전거길 강원도 구간의 절반을 차지한다. 동해안자전거길 가운데 가장 힘들고, 또 가장 화려하다. 이름만 들어도 모습이 그려지는 동해의 절경을 거쳐 간다. 재와 고개를 넘느라 몸은 힘들어도 눈은 즐거운, 가장 동해다운 구간이다.

난이도　80점

코스 주행거리	104Km(상)
상승 고도	1,127m(상)
최대 경사도	10% 이상(중)
칼로리 소모량	2,216kcal

누적 주행거리　421km

	경상도 구간 317km		강원 1일차 104km	
울산터미널		임원항		경포대

누적 소요시간　42시간 1분

경상도 구간 총 소요시간 32시간 46분	강원 1일차 코스 주행 9시간 15분

임원항에서 시작해서 강릉 경포까지 가는 누적 5일차는 동해안자전거길 전체를 통틀어서 가장 힘들고 또 가장 화려한 풍경이 펼쳐진 구간이다. 구간 전체에 걸쳐 크고 작은 오르막이 존재하지만, 이름이 붙은 '재'급 업힐도 6~7곳을 통과해야 한다. 라이딩 내내 업다운이 폭풍같이 몰아친다. 힘은 들어도 볼 것도 가장 많다. 동해에서 가장 아름다운 미항으로 꼽히는 장호항, 애국가 배경이 되었던 추암촛대바위, 모래시계로 유명해진 정동진역이 기다리고 있다. 이뿐만이 아니다. 동해안 해안도로에서 경관 좋기로 둘째가라면 서러운 삼척의 새천년해안도로와 강릉 헌화로 구간도 통과한다. 이처럼 아름다운 절경이 있어 천국과 지옥을 오가는 듯한 극단적인 코스의 변화가 라이딩 내내 이어진다.

① 바다 위를 떠다니는 삼척 장호용화 케이블카. ② 이름난 관광지가 된 삼척 장호항 전경.

① 장호항 해변의 솔숲을 따라 난 자전거길을 달리는 라이더. ② 삼척 새천년해안도로의 새로운 이름 이사부길을 알리는 조형물.
③ 동해시 시멘트 사일로를 배경으로 질주하는 라이더.

임원항 출발과 동시에 임원재, 신남재, 용화재, 사래재까지 4곳의 업힐을 연이어 넘어간
다. 벅찬 업힐에 힘은 들지만, 오르막 정상에 내려다보이는 장호항의 빼어난 경치는 업힐의
고단함을 잊게 해줄 만큼 아름답다. 4단 업힐 구간을 빠져나오면 자전거길은 맹방해변에서
다시 바다와 만난다. 하맹방에서 상맹방을 거쳐 한재 밑 해변까지 직선으로 뻗은 4km의 광
활한 해변을 따라 거침없이 달린다. 이대로 달려 삼척 시내로 진입하면 좋으련만 야속하게
도 인증센터가 있는 한재를 넘어야 삼척 시내 진입을 허락한다.

삼척 정라항에서 삼척해수욕장까지 연결된 4km 해안도로를 새천년해안도로라 부른다.
'이사부길'이란 별칭이 붙어 있는데, 바다와 찰싹 달라붙어 달리는 기분이 아주 좋다. 이 구
간을 지나자마자 촛대바위가 유명한 추암해변에 도착한다. 추암해변을 지나면 동해시 구간
으로 진입한다. 동해시에서는 북평국가산업단지와 동해항, 그리고 해군1함대 사령부를 지
나간다. 5일차 중에서 가장 재미 없는 구간이다.

묵호항을 지나면 자전거길은 다시 해변과 만나 망상해수욕장까지 연결된다. 망상에서
옥계까지 3km 구간은 7번 국도를 따라 이동한다. 옥계항을 지나면 금진항부터 심곡항까지
이어지는 헌화로 구간이 시작된다. 바다를 메워 만든 길이라 동해에서 바다와 가장 가까운
도로로 알려졌다. 파도가 높은 날은 포말이 도로 위까지 흩뿌린다. 수많은 업힐과 명소를 달
려왔지만 오늘의 라이딩은 아직 끝나지 않았다. 심곡항에서 정동진 가는 업힐도 눈물을 쏙
빼게 한다. 몸은 고생하고 두 눈은 호강하는 자전거 여행은 경포에 도착할 때까지 계속된다.

Finish
경포

안목항

강릉시

성산면

비포장 구간   안인해변

구정면   강동면

정동진인증센터

헌화로 구간

옥계면

망상해변인증센터

석병산

묵호항 활어센터

강원도

동해시

임계면

추암인증센터

새천년해안도로
(이사부길) 구간

삼척시

정라항

청옥산   한재공원 인증센터

정선군   두타산

맹방해변 입구

미로면

신기면   사래재

노곡면   근덕면   용화재

장호항(장호용화 해상케이블카)

신남재

임원재

도계읍

검봉산   Start
임원항

장호항   한재공원
인증센터   추암
인증센터   망상해변
인증센터   정동진
인증센터   안인해변   경포

200(m)
150
100
50

0   10   20   30   40   50   60   70   80   90   (km)

코스 접근

5일차 코스에는 삼척, 동해, 강릉 같은 큰 도시를 지난다. 어느 도시에서 들고나든 편리하다. 강릉고속버스터미널에서 강남고속버스터미널 가는 버스는 1시간 간격으로 운행된다. 강릉에서 서울 가는 막차는 22:00, 서울에서 강릉 가는 첫차는 06:00에 있다. 소요시간은 2시간 50분, 요금은 우등버스 기준 2만4,600원이다. 강릉시외버스터미널에서는 동서울터미널로 1시간 간격으로 버스가 운행된다. 서울행 막차는 20:40에 있다. 소요시간은 2시간 40분, 요금은 우등버스 기준 2만2,300원이다. 강릉 고속버스와 시외버스 터미널은 시내에 붙어 있다. 동해안자전거길이 있는 안목해변까지는 약 7km 거리다. 터미널과 해변 사이 구간을 오갈 때는 남대천자전거길을 따라가는 것이 좋다.

코스 가이드

임원항에서 삼척 장호항으로 가는 길은 7번 국도 옛길이다. 시작과 함께 4개의 업힐을 넘어간다. 다행스런 것은 오르막 경사가 5~7% 정도로 완만하다. 업힐 길이는 500m 내외다. 임원항에서 22km 지점 재동유원지에서 7번 국도 옛길에서 벗어난다. 마읍천을 따라 근덕 면소재지를 거쳐 맹방해변으로 진입한다. 동해안자전거길은 해변을 지날 때 대부분 해변 뒤편 송림 속으로 지나게 되어 있다. 그러나 이곳은 다르다. 맹방해변은 송림과 해변 사이를 시원하게 질주할 수 있다.

한재를 넘어 삼척 시내를 통과한다. 정라항에서 새천년해안도로를 따라 가면 추암해변 지나 동해시로 진입한다. 동해 시내 구간은 대부분 인도 쪽에 마련된 보행자 겸용 자전거도로를 따라 가도록 되어 있다. 망상해변에서 옥계 구간은 자전거 전용도로가 없어 불편했다. 그러나 지금은 7번 국도 옆으로 자전거도로가 조성되어 차량 스트레스 받지 않고 안전하게 라이딩할 수 있다.

옥계에서 심곡항으로 이어지는 헌화로 구간은 도로가 굴곡지고 강릉에서 넘어오는 차량도 빈번한 구간이다. 상행선 오른쪽에 조성된 보행로를 이용한다. 헌화로는 심곡항에서 해안 구간이 종료되고 내륙으로 진입해 정동진으로 간다. 정동진부터는 율곡로를 따라 간다. 강릉통일공원 전에 있는 안인피암2터널은 우회로를 탄다. 안인항에서 강릉으로 가는 자전거길은 해안에서 벗어나 내륙으로 나 있다. 동해안자전거길은 안인항에서 메이플비치 골프&리조트를 왼쪽으로 끼고 돌아가게 되어 있다. 동해안자전거길 안내표시를 따라 농로길을 요리조리 달리면 '성덕로'와 만난다. 성덕로를 따라 동쪽으로 가면 안목해변으로 연결된다.

임원항에서 경포까지는 전 구간 포장도로를 이용하지만 일부 공사 구간을 지난다. 자전거 전용도로와 공도 주행을 병행한다. 다만, 차량 통행이 많지 않아 공도 주행이 어렵지 않다.

① 한재인증센터에서 휴식을 취하는 자전거 여행자. ② 해변을 따라 일직선으로 곧장 자전거길을 조성한 맹방해변.

난이도

5일차 상승고도는 1,127m에 달한다. 동해안자전거길에서 가장 오르막이 많다. 업힐 대부분은 경사도가 10% 이하로 완만하다. 다만, 심곡항에서 정동진으로 넘어가는 업힐은 예외다. 경사진 도로가 이리저리 휘돌아가며 올라가는데, 중간에 10%가 훌쩍 넘는 급경사가 있다. 크게 회전을 그리며 돌파해야 하는데, 차량 통행도 빈번해 그마저도 쉽지 않다. 끌바를 각오하는 게 좋다.

주의구간

전 구간 포장도로를 주행하지만, 한 곳 비포장 구간을 지난다. 안인항에서 강릉으로 가는 길에 2021년 4월 기준 500m 정도 도로 공사 중인 곳이 있다. 이 구간만 통과하면 다시 포장도로와 만난다. 동해안자전거길은 정동진 모래시계공원 통과하는데, 이 구간이 복잡하다. 관광객이 붐비는 지역이라 라이딩 시 주의가 필요하다. 레일바이크 건널목은 미끄러지지 않게 하차해서 통과한다. 정동진~심곡항 구간도 빈번한 차량 통행에 주의해서 라이딩 한다.

① 안인항에서 강릉으로 가는 길에 메이플비치 골프장을 우회하는 자전거도로. ② 정동진 해맞이공원의 모래시계 상징물.
③ 정동진 해맞이공원의 레일바이크. ④ 아침식사로 좋은 임원항 해물뚝배기 상차림.

하늘에서 바라본 삼척 새천년해안도로(이사부길)의 드라마틱한 풍경.

보급 및 식사

곳곳에 도시가 있어 보급에 어려움은 전혀 없다. 다만, 출발과 동시에 오르막이 기다리고 있어 아침은 임원항에서 든든하게 먹고 출발한다. **덕성식당(☎ 033-572-8839, 삼척시 원덕읍 임원중앙로38)은 읍내에서 아침식사가 가능한 식당 중 한 곳이다. 해장이 필요하다면 해물뚝배기(1만원)를 추천한다. 해산물과 무, 콩나물이 들어간 시원한 국물 맛이 좋다. 점심은 삼척이나 묵호항에서 먹는다. 두 곳 모두 대도시라서 식당과 편의점이 많다. 삼척 쏠비치 리조트 인근에 이름난 식당이 많다. **부일막국수(☎ 033-572-1277, 삼척시 새천년도로 596)는 물막국수(9,000원)가 맛있다. 인근 꽈배기 집에서 후식까지 먹으면 금상첨화다. 단, 대기가 한 시간씩 발생하는 주말은 추천하지 않는다. 묵호항 인근에서는 **부흥횟집(☎ 033-531-5209, 동해시 일출로93)의 물회(1만5,000원)를 추천한다. 정라항과 묵호항에는 곰치국을 파는 식당이 많은데, 가격(2만원 내외)이 만만치 않다.

숙소

강릉에는 수많은 숙소가 있다. 자신이 원하는 스타일에 맞게 숙소를 잡으면 된다. 다만, 아침 일찍 라이딩을 이어가려면 해안가에 숙소를 잡는 것이 좋다. 경포대를 중심으로 리조트에서 펜션, 호텔, 모델에 이르기까지 다양 가격대의 숙소가 있다. 주변에 식당가도 많다.

여행정보

동해에는 해안에 길쭉하게 솟은 촛대 모양의 바위가 여럿 있다. 동해안자전거길이 지나는 울진 구간에도 촛대바위가 있다. 이 가운데 가장 유명한 것은 삼척 추암해변에 있는 촛대바위다. 이곳은 애국가 방송의 일출 배경으로 널리 알려졌다. 임원항에서 장호항으로 오는 길에 있는 신남항은 남근조각공원으로 유명하다. 다만, 마을까지 한참 내려갔다 다시 올라와야 해서 쉽게 접근하기 어렵다. 정동진 모래시계공원도 인증샷 포인트다.

금강산을 꿈꾸며 동해안 종주 대단원의 막을 내리다

동해안 종주6

(경포~속초~고성)

강릉시·양양군·속초시·고성군

>> >> 동해안 종주 마지막 구간이다. 강릉에서 양양과 속초를 거쳐 고성 통일전망대에서 대단원의 막을 내린다. 온종일 동해를 따라 달리는 자전거길은 자전거 여행자에게 친숙하고, 또 편안하다. 강릉에서 통일 전망대까지는 무려 50여 개 넘는 해변을 지난다. 그 모든 해변이 다 사랑스럽다.

난이도	60점
코스 주행거리	116km(상)
상승 고도	461m(중)
최대 경사도	5% 이상(중)
칼로리 소모량	2,422kcal

누적 주행거리　537km

경상도 구간 317km		강원 1일차 104km		강원 2일차 116km	
울산터미널		임원항	경포대		통일전망대

누적 소요시간　56시간 1분

경상도 구간 총 소요시간 32시간 46분	강원 1일차 코스 주행 9시간 15분	강원 2일차 코스 주행 10시간	오는 길 버스 3시간 20분 자전거 40분 총 4시간

동해안 자전거 종주 6일차! 강릉 경포를 출발해 고성 통일전망대까지 간다. 동해안자전거길 강원도를 2개 구간으로 나눈다면 북부권에 해당하는 코스다. 또 울산에서 출발해 장장 540여km를 달려온 대장정의 마무리다.

강릉 경포에서 고성까지는 동해안자전거길을 통틀어 가장 편안하고, 또 가장 익숙하게 느껴지는 코스다. 상승고도가 400m 내외로, 전날 고개와 재를 넘나들며 사투를 벌였던 강원도 남부 구간과 비교해 오르막이 1/3 수준이다. 또렷하게 기억에 남는 고개가 없을 정도로 자전거길은 완만하게 해안을 따라 나 있다. 대신 이날 달려야 하는 코스가 길다. 경포에서 통일전망대까지 거리는 114km다. 오르막 돌파 능력보다는 아침 일찍 움직여야 하는 부지런함과 시간관리, 그리고 장거리 주행의 지구력이 필요하다.

① 탁 트인 주문진 해변의 자전거길을 달리는 자전거 여행자. ② 강릉 경포에 있는 경포해변인증센터. ③ 강원도 항구에 있는 수산시장 가운데 가장 번화한 주문진수산시장.

① 경포에서 주문진으로 가는 솔숲 구간의 동해안자전거길. ② 속초의 명물 대포항 안내 벽화.
③ 서핑의 메카로 떠오른 양양군의 해변과 서퍼들.

　강릉에서 고성으로 가는 길에는 수많은 해변을 만난다. 무려 50개가 넘는 해변을 통과하게 된다. 강릉의 경포, 양양의 낙산, 고성 화진포 등 여름날 추억어린 해변을 하나씩 더듬어 가며 북쪽으로 올라간다. 이날은 또 강릉, 양양, 속초, 고성까지 4개의 시군을 지난다. 짙푸른 동해바다를 끼고 있는 모습은 언뜻 비슷해 보이지만, 지역별로 미묘한 차이가 있다. 강릉 구간은 가장 변화하다. 관광지로서의 명성에 걸맞게 해변은 인파와 차량으로 주말이면 북새통을 이룬다. 해변은 캠핑족과 도보여행자, 자전거 라이더가 점령한다. 특히, 해변을 따라 자리한 강릉커피거리의 카페들은 갈길 급한 종주 여행자의 급한 마음에도 아랑곳하지 않고 잠시 쉬었다 가라며 손짓한다. 양양의 해변은 서퍼들이 차지한다. 해변 곳곳에 이국적인 서퍼 샵들이 존재하고, 서퍼들이 계절과 관계없이 파도에 몸을 맡기고 서핑을 즐긴다. 이곳이 서핑의 메카임을 말해주는 풍경이다.

　단정한 휴양지 느낌이 물씬 풍기는 속초로 접어들면 부지불식간에 바다가 막혀 호수가 되어버린 석호를 통과한다. 자전거는 속초 청초호와 영랑호, 고성 송지호와 화진포까지 4곳의 석호와 바다 사이 좁은 틈을 뚫고 내달린다. 최북단 고성으로 진입하면 주변 분위기는 차분하게 가라앉아 쓸쓸한 느낌마저 감돈다. 마침내 마차진해변을 지나면 통일전망대 출입신고소에 도착한다. 이곳에서 민통선을 통과해서 더 북으로 올라가고 싶지만 자전거는 여기까지만 통행할 수 있다. 아쉽지만 동해안 종주 대장정은 이곳에서 마침표를 찍는다.

Finish
통일전망대인증센터
대진항
화진포
거진읍
북천철교인증센터
간성읍
고성군
공현진해변
죽왕면
송지호
아야진해수욕장
토성면
봉포해변인증센터
영금정인증센터
미시령
영랑호
속초시
대포항
설악산국립공원
한계령
낙산사
인제군
양양읍
동호해변인증센터
양양
국제공항
하조대
양양군
기사문해수욕장
광진해수욕장
구룡령
남애항
지경공원인증센터
홍천군
주문진읍
주문진수산시장
오대산국립공원
동해고속도로
평창군
강릉시
Start
경포대인

지경공원
인증센터

동호해변
인증센터

영금정
인증센터

북천철교
인증센터

통일전망대

봉포항
인증센터

┌100(m)
├50

0   10   20   30   40   50   60   70   80   90   100 110(km)

코스 접근

6일차는 자전거 여행을 마치고 집으로 돌아간다. 통일전망대인증센터에서 가장 가까운 버스터미널은 대진시외버스터미널(☎ 033-681-0404, 고성군 현내면 금강산로196)이다. 통일전망대인증센터에서 3.5km 떨어져 있다. 이곳에서 동서울터미널로 가는 버스가 하루 9번 운행한다. 대진터미널에서 동서울로 가는 막차는 18:00분에 출발한다. 통일전망대에서 라이딩을 마무리하고 서울로 복귀한다면 늦어도 18:00 전에 터미널에 도착해야 한다. 따라서 당일 시간배분에 신경쓰며 움직여야 한다.

만약 동해안 종주를 북에서 남으로 한다면 대진터미널로 오면 된다. 동서울터미널에서 대진터미널로 가는 첫차는 06:49에 있다. 소요시간은 3시간 10분, 요금은 2만5,600원이다. 동서울과 대진항을 오가는 버스는 거진항과 간성읍, 진부령 넘어 인제를 들렸다가 가는 완행노선이다. 한 가지 참고사항은 대진항과 거진항은 터미널보다 정류소 개념이라 카드 사용이 불가하다. 버스요금은 현금으로 준비하거나 현장에서 계좌이체 시켜야 한다.

코스 가이드

경포해변인증센터에서 라이딩을 시작한다. 6일차 구간에는 경포를 비롯해 통일전망대까지 7곳의 종주인증센터가 있다. 동해안자전거길에서 하루에 가장 많은 인증도장을 받을 수 있는 구간이다. 경포를 지나면 사근진, 순포, 사천진, 연곡, 영진해변을 거쳐 주문진항으로 연결된다. 이 가운데 영진항을 돌아나가면서 마주하는 해변과 주문진항이 가슴이 탁 트이도록 호방하다. 중간에 드라마 '도깨비' 촬영장소도 지나간다. 주문진항을 빠져 나와 소동항을 지나면 소돌, 주문진, 향호, 지경, 원포, 남애해변을 따라 북으로 올라간다. 이 구간은 정말 쉴새 없이 해변과 마주한다. 해변을 달리다 포구를 돌아나오면 다시 해변으로 이어지는 패턴이 반복된다. 낙산사 구간만 잠시 바다와 멀어져 7번 국도 옆에 만들어진 데크길을 따라 이동한다. 물치항을 지나면 속초시로 진입한다. 새롭게 정비된 대포항을 거쳐 속초해변으로 연결된다. 청초호를 지나가기 위해서는 설악대교를 건너가야 한다. 영랑호와 장사항을 지나면 속소시와 작별하고 고성군으로 든다.

봉포와 천진해변을 거치면 관동팔경의 하나 청간정에 닿는다. 청간정은 잠시 계단을 이용해 이동한다. 아야진과 교암, 백도, 자작도, 삼포 등 셀 수 없이 많은 해변과 포구를 거쳐 간다. 봉수대해변을 통과하면 송지호로 들어선다. 동해안자전거길은 7번 국도를 따라 호수 동쪽을 직선으로 통과하도록 경로가 안내된다. 그러나 이 구간은 비포장이라 로드 자전거는 지나기 어렵다. 로드 자전거는 송지호를 시계 방향으로 한 바퀴 돌아 우회한 다음 죽왕공설운동장에서 동해안자전거길과 다시 만나면 된다.

① 양양에서 속초로 이어진 해변에 조성한 데크길을 달리는 라이더. ② 속초시내에 있는 영금정인증센터.

공현진과 가진해변을 지나면 고성군청이 있는 간성읍이다. 자전거길은 간성읍을 거치지 않고, 봉호리 농로길을 가로질러 간다. 북천을 건넌 뒤에 다시 해변을 따라 반암을 거쳐 거진항으로 이어진다. 거진항 거진등대를 넘어가면 잠시 해변을 따라 달리다 작은 언덕을 넘어 화진포로 간다. 화진포를 왼쪽에 끼고 달리다 화진포해양박물관을 지나면 초도항에서 다시 해변을 따라 간다. 이후 대진항과 마차진해변을 내처 달리면 마침내 통일안보공원 입구에 위치한 통일전망대인증센터에 도착한다. 통일전망대는 자가용과 오토바이 이용자만 안보교육을 받은 후 갈 수 있다. 자전거는 민통선 안으로 진입할 수 없다.

강릉 경포에서 고성 통일전망대까지는 짧은 비포장도로가 있지만 대부분 포장도로를 지난다. 2020년 수해로 해변으로 난 자전거길이 유실된 곳이 많았는데, 대부분 복구가 됐다. 강릉과 속초 등 도심 구간을 지날 때 길 찾기와 안전한 주행에 유의한다.

난이도

이 구간 상승고도는 416m다. 동해안자전거길 중에서 오르막이 가장 적은 구간이다. 상승고도 100m 이상되는 큰 오르막은 없다. 높아야 50m 내외의 작은 언덕 몇 곳 있는 게 전부다. 주행거리가 길어 체력적인 부담이 될 뿐 난이도는 높지 않다. 하루에 완주하려면 여유를 부릴 시간이 없다. 또 돌아가는 마지막 버스 시간도 고려해야 한다. 인증센터 위주로 찾아 다니며 라이딩에 집중한다.

주의구간

이 구간은 해변에 가깝게 조성한 자전거길이 많다. 답사 때마다 파도와 침식으로 일부 구간이 붕괴된 것을 확인할 수 있었다. 길이 끊겨도 당황하지 말고 우회도로 안내표지를 따라서 이동한다. 일부 구간은 해변 위에 데크로드를 만들어 놓았는데, 모래가 쌓여 있는 곳이 많다. 바퀴가 얇은 로드 자전거는 미끄러짐에 주의

봄꽃이 만발한 경포호 자전거길을 달리는 라이더들.

① 초당순두부마을 순두부 정식. ② 속초시 아바이마을의 별미 옛날 순대.

한다. 일부 구간은 휴일이면 인파와 차량으로 혼잡하다. 강릉에서는 경포대인증센터 인근이 혼잡하다. 공도를 주행해야 하는 주문진항 구간도 복잡하다. 이 구간을 통과할 때는 주의가 필요하다.

보급 및 식사

전 구간에 걸쳐서 식당과 편의점들이 즐비한 지역이라 식사와 보급에는 전혀 문제가 없다. 여름철에는 해수욕장에서 운영하는 샤워장도 문을 연다. 혹서기에 라이딩에 나선다면 이용해보자. 출발지인 강릉 경포대인증센터 인근에 초당순두부마을이 있다. 이른 시간에도 식사가 가능한 곳도 있어 아침을 해결하기 좋다. **동화가든**(☎ 033-652-9885, 강릉시 초당동 순두부길 77-15)은 짬뽕순두부(1만3,000원)가 유명하다. 담백한 순두부백반(1만1,000원)도 좋다.

점심은 속초에서 먹는 게 좋다. 청초호를 건너가는 설악대교 오른편에 속초아바이마을이 있다. 함경도에서 피난 온 실향민들이 모여 살던 이곳에는 함경도식 회냉면(1만원)과 순댓국(1만원)을 맛볼 수 있는 식당이 많다. 코스에서 잠시 벗어나 들고나는 번거로움은 감수해야 한다. 대포항에서 시원한 물회로 가쁜 속을 달래는 것도 좋다.

숙박

동해안 종주를 마치면 대부분 그날 집으로 돌아간다.

그러나 버스 시간을 맞출 수 없다면 하룻밤 더 자야 한다. 통일전망대 입구 마차진해변에 **금강산콘도**(☎ 02-543-3669)가 있다. 거진항에는 여관과 모텔이 많다. 이 구간은 오르막이 거의 없어 자전거 캠핑을 시도하기도 좋다. 강릉관광개발공사에서 운영하는 **연곡해변솔향기캠핑장**(☎ 033-662-2900, 강릉시 해안로 1282)과 고성군에서 운영하는 **송지호오토캠핑장**(☎ 033-681-5244, 강원도 고성군 죽왕면 동해대로 6090)이 시설도 깨끗하고 저렴하다. 이밖에 많은 해변에서 캠핑을 할 수 있다.

여행정보

강릉에서 고성 구간은 놓치면 아까운 여행지가 아주 많다. 이 가운데 많은 곳은 자전거길 경로 상에 있어 종주를 하면서 스쳐 지난다. 그렇지 않은 곳들은 시간 여유가 있다면 하나하나 찾아보기를 권한다. 양양 하조대는 삼척 추암촛대바위와 더불어 해안절경이 멋진 곳이다. 양양 낙산사는 통일신라 때 창건된 고찰로 동해를 바라보는 관음성지다. 고성 화진포는 동해의 석호 가운데 가장 아름답고 자연미가 살아 있는 곳이다. 이곳은 과거부터 이름난 휴양지였다. 한국전쟁 전에는 북한땅이었던 곳으로 지금도 '화진포의 성'이라는 김일성별장이 남아 있다. 자전거길이 지나는 곳에 있어 들러보기 좋다.

08

−자전거 여행 바이블−

제주도환상
자전거길

제주도환상자전거길은 국토종주자전거길 중에서도 가장 아름다운 곳을 꼽으라면 당연히 첫 손에 꼽는 곳이다. 화산섬이 만들어내는 압도적인 풍광이 자전거를 타는 내내 파노라마 같이 펼쳐진다. 제주도는 단조로운 동해안 해안선과 달리 바다 건너 부속 섬들이 여행의 길동무가 되어준다. 비현실적인 풍광을 보여주는 비양도를 비롯해 차귀도와 형제섬, 섭섬과 우도까지 제주 바다를 빛내는 보석 같은 존재들을 마주보며 달린다. 해안의 풍경은 또 얼마나 아름다운가! 제주도환상자전거길은 김녕성세기, 표선, 함덕, 월정리 같은 아름다운 해변과 쇠소깍, 성산일출봉, 송악산 같은 제주의 대표적인 관광지를 두루두루 거치도록 설계되었다. 특히, 제주도는 항공이나 배를 이용해 갈 수 있어 육지에 조성된 자전거길과는 접근 방식이 달라 새로운 흥미를 준다. 자전거를 수화물로 부치는 경험은 언젠가 떠나게 될 해외 자전거 여행을 미리 맛보는 느낌이다. 이런 연유로 육지의 국토종주자전거길을 모두 마친 라이더들이 마지막 대미를 제주도환상자전거길 라이딩으로 장식한다.

제주환상자전거길은 다른 국토종주자전거길과 다른 두 가지 큰 특징이 있다. 첫째는 12개 코스 중 유일하게 섬에 만들어진 자전거길이다. 다른 하나는 출발지와 목적지가 다른 종주 코스로 조성된 다른 자전거길과 달리 출발지로 되돌아오는 유일한 일주 코스다.

제주도환상자전거길 총 길이는 234km에 달한다. 보통 제주도 오가는 것을 포함해 4일 일정으로 종주한다. 자전거길에는 모두 10곳의 인증센터가 있다. 이 가운데 용두암인증센터가 유인으로 운영되고 있어 이곳에서 구간 인증을 받을 수 있다. 제주도환상자전거길은 육지와 멀리 떨어져 있다는 지리적인 약점에도 불구하고 아름다운 풍경과 무난한 난이도 탓에 인기가 높다. 구간 종주 인증자가 동해안자전거길의 약 두 배에 달한다.

코스 개관

- ◆ 자전거길 총 길이 234km ◆ 총 상승고도 1,235m ◆ 종주 소요기간 4일
- ◆ 1일 평균 주행거리 58km ◆ 1일 평균 상승고도 308m
- ◆ 제주환상자전거길 인증자 60,693명

코스 난이도

제주환상자전거길은 국토종주자전거길 중에서 난이도가 낮은 편에
속한다. 하루 평균 주행거리도 가장 짧고, 오르막 구간도 많지 않다.
하루 평균 주행거리는 58km, 상승고도는 308m다. 다만 구간별로 난
이도의 편차가 있다. 전체를 4개의 구간으로 나눠봤을 때 2구간(협재
~서귀포)의 난이도가 가장 높다. 산방산과 중문관광단지를 통과하
는 구간에서 오르막이 있어 주로 해안도로를 달리는 나머지 구간과
난이도 차이가 있다. 그러나 2구간의 난이도가 높다는 것도 상대적
인 것이다. 동해안자전거길 난이도와 비교하면 명함도 못 내미는 평
이한 수준이다. 따라서 누구라도 어렵지 않게 종주를 할 수 있다.

① 제주 바다의 상징이 된
월정리 해변을 달리는 라
이더. ② 하늘에서 내려다
본 제주 동부 해안도로.

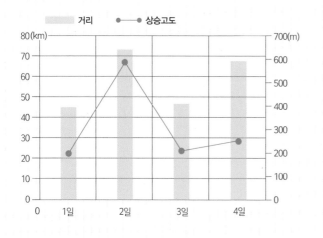

종주 계획 세우기

제주도환상자전거길 전체 길이는 234km다. 하루 80km를 기준으로 잡으면 2박3일이면 충분히 일
주가 가능하다. 그러나 제주에서는 빠르게 달릴수록 손해다. 제주의 아름다운 해변과 이름난 여행
지를 거쳐가기 때문에 천천히 달리며 충분히 즐기는 게 좋다. 하루 60km를 기준으로 계획을 잡고
여행자 모드로 달리는 것을 추천한다. 3박4일 일정이라면 북서, 남서, 남동, 북동지역으로 섬을 4등
분해 구간을 나눠서 달리는 것이 좋다.

이 책에서는 제주환상자전거길 이외에 동부내륙 중간산지대와 우도를 둘러보는 번외 코스도 소개
하고 있다. 이 경우에는 1박2일이 추가로 소요된다. 제주시에서 비자림로와 오름을 지나 섬 속의 섬
으로 들어가는 여정이라 해안도로를 달릴 때와는 또 다른 정취를 맛볼 수 있다. 그러나 제주도 중
산간지대와 우도 자전거 여행은 제주도 일주에 이어서 하기보다 두번째 제주 자전거 여행으로 계
획하는 게 좋다. 우도에서 제주시로 되돌아 나올 때 일주하며 지나갔던 동부해안도로를 다시 이용
해야 해서 지루할 수 있다.

종주 방향 정하기

'시계방향으로 돌 것인가 반 시계 방향으로 돌 것인가.' 제주도환상자전거길을 일주할 때 가장 고민이 되는 지점이다. 여기서 가장 우선해서 고려할 것이 경관이다. 섬에서 라이딩할 때는 시계 반대 반향으로 돌아야 바다를 오른쪽에 끼고 달릴 수 있다. 제주도환상자전거길은 산방산과 중문관광단지 일부 구간을 제외하

고려 항목	가중치
경관	높음
고도차	없음
차편	없음
바람	높음

고 대부분 해안선에 바짝 붙어 조성되었다. 이런 이유로 대부분의 자전거 여행자가 시계 반대 방향으로 달린다. 시계 반대 방향으로 달리면 도로를 횡단하는 횟수를 줄일 수 있다는 것도 큰 장점이다. 그 다음으로 큰 영향을 미치는 것이 바람이다. 제주도 바닷바람의 위력은 잘 알고 있을 것이다. 제주도는 섬의 특성상 바람이 잦다. 바람의 세기도 강하다. 따라서 제주도 자전거 여행을 계획할 때는 일기예보에서 바람을 주시해야 한다. 다만, 제주도환상자전거길이 종주 코스가 아닌, 제주도를 한 바퀴 도는 일주 코스라서 어떤 방향으로 돌아도 최소 한 번은 맞바람을 맞을 수밖에 없다. 따라서 풍향은 큰 의미가 없다. 중요한 것은 바람이 얼마나 세냐(풍속)이다. 만약 자전거 여행 예정일에 보퍼트 풍력계급 4단계(5.5~8.0m/s) 이상 강풍이 예고되어 있다면, 여행 일정 자체를 변경하는 것도 고려해봐야 한다.

코스 IN/OUT

제주도로 가려면 비행기나 배편을 이용해야 한다. 비행기로 가면 제주국제공항에서 IN/OUT 하고, 배편을 이용하면 제주여객터미널에서 IN/OUT 한다. 두 곳 모두 제주도환상자전거길과 얼마 떨어져 있지 않아 접근하기는 편리하다.

비행기를 이용하면 빠르게 이동할 수 있다. 하지만 자전거를 수화물로 부치기 위해 포장하고, 제주공항이나 자전거샵에 박스나 캐링백을 맡겼다가 돌아올 때 다시 포장해야 하는 번거로움이 있다. 배를 이용하면 포장의 번거로움은 없다. 하지만 이동 시간이 오래 걸리고, 페리가 운항하는 항구까지 찾아가야 하는 것이 불편하다. 선택은 각자의 몫이다. 제주도 안에서 대중교통을 이용한 점프는 어렵다. 일주 라이딩을 시작했다면 무조건 끝장을 봐야 한다. 콜 밴 업체나 현지 자전거샵과 바이크텔에서 자전거 이동 서비스를 제공하기도 하는데, 제주공항~성산 구간의 경우 편도 7만원 내외의 요금을 받는다.

제주환상자전거길 서쪽 끝에 있는 신창 풍차 해안.

비행기로 자전거 운반하기

제주도로 자전거 여행갈 때 비행기를 이용해서 자전거를 운반할 수 있다. 이 경우 자전거를 그대로 실을 수 없다. 항공사에서 정한 규격과 부피에 맞춰 포장을 해야 한다. 자전거에 대한 수화물 규정은 항공사 마다 조금씩 다르다(표 참조). 자전거 수화물 요금은 대한항공은 무료, 이외의 항공사들은 편도 1만~2만원의 취급 비용을 받는다.

항공사별 자전거 수화물 규정(김포-제주구간)

항공사	자전거 운반에 따른 추가요금	포장 형태	무게/부피 제한
대한항공	없음	하드 케이스, 박스 포장 가능	• 화물 부피 : 가로+세로+폭의 합이 292cm 이하 일 것. • 무게 제한 : 20kg까지 무료. 20kg 이상 1kg 초과당 2,000원. 최대 32kg까지 가능.
아시아나 항공	편도 1만원	하드 케이스, 박스 포장 가능	• 대한항공과 같음.
제주에어	편도 2만원	하드 케이스, 소프트 케이스, 박스 포장 가능	• 화물 부피 : 가로+세로+폭의 합이 277cm 이하 일 것. • 무게 제한 : 수화물 15kg 상품 구입 시 일반 수화물과 무게 합산되며, 1kg 초과당 3,000원.

대한항공과 아시아나항공을 제외한 저가 항공사의 위탁 수하물의 부피 제한은 277cm에서 203cm 사이다. 일반적인 크기의 자전거를 포장한다면 반입에는 별 무리가 없다. 단 항공사별로 핸들, 페달 분리를 필수로 확인하는 경우도 있다. 소프트 케이스 반입이 가능한 항공사에서도 파손 가능성 때문에 하드 케이스나 박스 포장을 권장한다. 운송 중 파손 시에는 보상이 되지 않기 때문에 각자 주의해서 포장해야 한다.

자전거 포장하기

자전거 포장은 하드 케이스, 소프트 케이스, 박스 포장 등 3가지 방법이 있다. 이 가운데 하드 케이스는 튼튼하지만 고가라 부담스럽다. 항공 이용이 빈번하다면 구매를 고려해 볼 만하다. 소프트케이스는 2만원대부터 있다. 가격이 저렴하고 휴대가 편리하지만 운송 시 파손의 위험이 있다. 별도의 완충재를 사용해서 포장해야 한다. 일부 항공사의 경우 반입 불가 되기도 하니 미리 해당 항공사에 문의한다. 박스 포장은 자전거샵에 맡기거나 박스를 구해서 스스로 하거나, 박스 대여 서비스를 이용하는 방법이 있다. 김포와 제주공항 수화물 보관소에서 박스 포장 서비스가 가능했으나 현재는 제공되지 않는다.

자전거 수화물 포장 방법 비교

포장방법	비용	자전거 분해	비고
하드케이스	케이스 구입비 변동비 없음	앞뒤바퀴, 페달, 핸들 분리	• 장점 : 안정성, 반복 사용 가능 • 단점 : 고가, 케이스 자체 무게
소프트케이스	케이스 구입비 변동비 없음	앞뒤바퀴, 페달, 핸들 분리	• 장점 : 저가, 휴대 간편 • 단점 : 일부 항공사 반입 불가, 안정성
박스 포장 (셀프)	없음	앞뒤바퀴, 페달, 핸들 분리	• 장점 : 무료 • 단점 : 포장, 해체, 조립 과정
박스 포장 (샵)	1회 3만원선	앞뒤바퀴, 페달, 핸들 분리	• 장점 : 편리 • 단점 : 비용 발생, 공항까지 운반
박스 포장 (수화물 센터)	왕복 4만8,000원	앞바퀴 분리	• 장점 : 편리 • 단점 : 비용 발생

자전거 페달 분해 조립 방법

초보자들이 자전거를 분해할 때 가장 애를 먹는 것이 바로 페달을 분리하는 것이다. 클릿페달의 경우 6mm, 혹은 8mm 육각렌치가 필요하다. 먼저 페달 분리에 필요한 공구의 사이즈를 확인하자. 멀티 툴에도 사이즈 별로 육각렌치가 달려 있지만 이것만으로는 부족하다. 강하게 조여 있는 페달을 분리하기 위해서는 지렛대의 힘을 이용할 수 있는 별도의 T핸들 육각렌치를 준비하는 것이 좋다.

① 분리할 페달을 한쪽 발로 고정한다.

② 육각렌치를 끼운 뒤 페달을 밟는 반대 방향으로 힘껏 돌려서 푼다.

③ 조립 시에는 페달 밟는 방향으로 돌려서 조인다.

*평 페달의 경우에는 15mm 스패너(콤비네이션 렌치)나 자전거 전용 페달 렌치가 필요하다. 분리 방법은 동일하다.

*항공 포장을 할 때는 자전거 튜브의 바람은 빼야 한다. 조립 시 휴대용 펌프로 공기를 주입하는 것이 불편해 간과하거나 종종 잊어버리는 경우가 있는데, 자칫 포장을 다시 뜯거나 수화물 접수가 거부되는 낭패를 볼 수 있다.

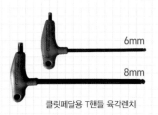

6mm

8mm

클릿페달용 T핸들 육각렌치

콤비네이션 렌치

평페달용 15mm 렌치

클릿페달 분리 방법

공항 수화물 보관소에서 박스 포장하기

김포공항:국내선 1층 수화물보관소에서 라운델 서비스를 이용할 수 있다. 일종의 자전거 박스 대여 서비스로 수화물 보관소에서 재활용 가능한 박스를 받아 스스로 포장해야 한다. 종이박스에 포장해주던 서비스는 종료되었다. 김포-제주 구간 박스 대여 요금은 왕복 4만8,000원이며, 업체 홈페이지를 통해서 미리 예약해야 한다. 제주공항에 도착 후 사용한 박스는 업체 사무실에 반납한다.

공항 수화물 보관소에 사용한 박스나 하드 케이스 보관하기

제주공항:이동 시 사용한 케이스나 종이 박스는 되돌아 올 때 사용하기 위해서 제주공항 수화물 보관소에 맡긴다. 이때 보관료는 종이 박스 1개당 1일 5,000원이다. 2개를 포개서 맡겨도 1개 요금만 받는다. 제주공항에서 진행하던 자전거 포장 서비스는 김포와 마찬가지로 종료되었다. 제주도 현지 업체를 이용해 박스나 케이스를 보관할 수도 있다. 용두암하이킹(☎ 064-711-8256)은 7일 동안 박스 1개당 1만5,000원에 보관해주며, 전화 하면 픽업을 와준다.

기내 탑승 시 주의점

자전거용 소형 펌프는 기내 반입은 가능하지만, 엑스선 검색대에서 꼭 물어보니 수화물로 부치자. 육각렌치와 같은 자전거 공구는 기내 반입이 금지된다. 길이가 10cm가 넘는 기타 공구류도 반입 금지다. 이처럼 기내 반입이 금지된 장비는 자전거 포장 시 함께 넣어 포장한다. 소프트 케이스의 경우 버블 비닐 등을 이용해 자전거가 파손되지 않게 한다. 또 가방이나 의류 등을 중요한 부분에 넣어 보호용으로 활용해도 된다. 돌아올 때 박스를 재활용하려면 테이프 1개를 미리 준비해서 간다.

① 박스 포장된 자전거.
② 자전거 운반용 하드 케이스.
③ 자전거 운반용 소프트백.
④ 제주 도착 후 박스를 재사용하기 위해서 제주공항 수화물보관소에 보관하기.

① 충전재가 없는 경량자전거캐링백. ② 충전재가 들어가 있는 자전거캐링백. ③ 포장을 위해 분해된 자전거.

★ TIP ★ 제주로 가는 배편

제주로 가는 가장 싼 배편은 완도에서 출발한다. 가장 빠른 배편은 진도에서 출발하는 산타모니카호다. 이 배는 추자도를 경유한다. 여수에서 출발하는 골드스텔라호, 목포에서 출발하는 퀸제누비아호 그리고 삼천포에서 출발하는 오션비스타호는 저녁에 출발해서 다음날 아침에 도착한다. 인천-제주, 우수영-제주, 장흥-제주 노선은 운항이 중지되었다.

선사	노선	선박명	톤수	소요시간	요금(성인편도 최저요금)	비고
한일고속	여수-제주항	골드스텔라	21,989톤	5시간 30분	4만4,000원	1688-2100
	완도-제주항	실버클라우드	20,263톤	2시간 40분	2만9,850원	
씨월드 고속훼리	목포-제주항	퀸제누비아	27,391톤	5시간	3만800원	1577-3567
		퀸제누비아2	26,546톤	4시간 15분	3만800원	
	진도-제주항	산타모니카	3,500톤	2시간	4만2,000원	
남해고속	고흥-제주항	아라온	6,226톤	3시간 40분	3만300원	064-732-9700
현성mct	삼천포-제주항	오션비스타 제주	20,500톤	6시간 10분	4만8,000원	1855-3004

※2024년 4월 제주항여객터미널 웹사이트 기준

숙소와 보급

제주도환상자전거길은 동해안자전거길과 마찬가지로 해안선을 따라 조성되어 바다에 접한 주요 도시와 포구들을 다 경유하게 된다. 코스 주변을 따라 숙소와 카페, 식당이 끝없이 늘어서 있어 보급과 식사를 해결하기에 전혀 문제 없다. 이 책은 함덕, 서귀포, 성산을 3박4일 일주 코스의 숙박지로 삼았다. 제주도 중산간지대와 우도를 다녀오는 1박2일 코스의 경우 우도에서 1박하는 일정으로 안내한다. 일주 코스 마지막 날은 육지로 돌아가는 배와 비행기편 시간에 맞춰 숙박지역을 조정하면 된다. 위에 소개한 곳이 아니라도 숙박할 수 있는 좋은 곳이 많이 있어 자신의 스케줄과 취향에 따라 정할 수 있다.

빨리 달릴수록 손해보는 제주의 바다를 만나다

제주도 일주1
(제주시~협재)

>> >> 제주시에서 시작해서 협재해수욕장까지 이어지는 이 구간은 제주의 풍속과 풍경을 잘 느낄 수 있다. 해안도로를 따라가며 만나는 바다도 아름답지만 다끄네물, 돌 염전, 과물노천탕 등 놓쳐서는 안 되는 제주의 문화유산도 있다. 무엇보다도 한적하고 맑고 푸른 제주의 바다가 가슴을 탁 틔워준다.

난이도　30점

코스 주행거리	45km(중)
상승 고도	198m(하)
최대 경사도	5% 이하(하)
칼로리 소모량	1,699kcal

코스 접근성　490km 대중교통 가능

← 자전거 6km →	공항철도 23km →		비행기 460km	
반포대교	서울역	김포공항		제주공항

소요시간　9시간 20분 3박4일 코스

가는 길	코스 주행
자전거 26분, 공항철도 52분, 탑승수속 2시간, 비행기 1시간 10분, 준비 1시간 총 5시간 28분	3시간 52분

무엇인가에 첫눈에 반해본 적이 있는가? 제주에 도착한 첫날, 해안도로에서 바라본 에메랄드빛 바다는 첫눈에 반하게 만들 것이다. 3일 안에 제주도를 일주하고, 그러기 위해서 오늘은 어디까지 가야 한다고 세웠던 계획이 출발한지 30분도 지나지 않아서 눈 녹듯이 사라져버린다. 그 다음부터는 제주올레꾼들이 놀며 쉬며 걷는 것처럼 천천히 페달을 밟으며 제주의 아름다운 풍경을 즐기기 시작한다. 그저 지금 눈앞에 펼쳐진 제주도의 아름다움을 오감으로 느끼면 될 뿐, 어디까지 꼭 가야 한다는 목적의식을 갖는 것은 무의미하다. 마음이 가는 데로 움직이는 것, 그것이 제주에서의 자전거 여행 방식이다.

제주도는 올 때마다 새로운 느낌을 주는 팔색조 같은 섬이다. 처음 와본 것도 아니지만 자동차로 한 바퀴 휙 돌아보며 유명 관광지에 잠시 들러보는 여행과 자전거를 타고 직접 페달을 밟으며 구석구석 돌아보는 제주의 느낌은 전혀 다르다. 자전거 여행도 길에 따라 차이가 났다. 잘 닦여져 있는 1132번 제주일주도로를 탈 때와 해안가를 따라 난 이름조차 생소한 도로를 달릴 때의 기분은 천양지차다. 당연히 후자를 추천한다. 길을 잃어버릴까 걱정할 필요도 없다. 해안도로를 따라 달리다 막히면 돌아나오면 그만이다.

일반적으로 섬 일주 라이딩은 시계 반대방향으로 돈다. 그 이유는 우측 차선을 따라 최대한 바다에 가깝게 붙어 달리고 싶은 마음에서다. 제주도도 예외는 아니다. 그래서 제주시에서 출발해서 협재해수욕장에 이르는 코스는 제주도 자전거 여행의 출발 구간이이자 새로운 제주를 만나는 시작이기도 하다. 첫날 제주연안여객터미널이나 제주공항에서 출발하면 용두암 인근에서 바다와 처음 가깝게 만난다. 이호테우해수욕장을 시작으로 애월로와 한림해안도로를 따라 곽지해수욕장을 거쳐 협재해수욕장까지 이어진다.

① 용담~이호 해안도로. ② 제주올레 16코스 구간. 일부 코스가 해안도로를 따라 걷게 만들어져 있다.

① 구엄포구 인근에 있는 구엄리 돌염전. 바위 위에서 바닷물을 증발시켜 소금을 얻던 곳이다.② 휴식 중인 자전거여행객들. 가족단위의 라이딩 팀도 어렵지 않게 볼 수 있다. ③ 과물 노천탕. ④ 바다 너머로 비양도가 보이는 협재해수욕장.

제주 도심을 벗어나 용두암 부근에 이르면 해안도로가 시작된다. 제주의 바다 빛깔이 이렇게 아름다웠던가? 물빛이 어찌나 아름답던지 중간중간 자전거를 세우고 바다구경을 하느라 도무지 속력을 낼 수가 없다.

이호테우해변에 잠시 들렀던 해안도로는 애월로를 따라 내려간다. 구엄포구부터 고내포구까지는 올레16코스를 만나서 함께 이어진다. 고내포구를 지나면 자전거길은 애월항과 곽지과물해수욕장으로 이어진다. 길이 잠시라도 바다에서 멀어질라치면 좁은 마을 길을 따라 들어갔다 다시 되돌아 나오기를 반복한다. 시시각각 변해가는 주변의 풍경과 포구의 모습이 마치 파노라마 같이 펼쳐져서 조금도 지루할 틈이 없다.

한림항을 통과한 해안도로는 어느덧 협재해수욕장에 닿는다. 앞서 몇 곳의 해변을 지나왔지만 이곳의 새하얀 모래사장 너머로 보이는 바다와 비양도의 모습은 또 다른 장관이다.

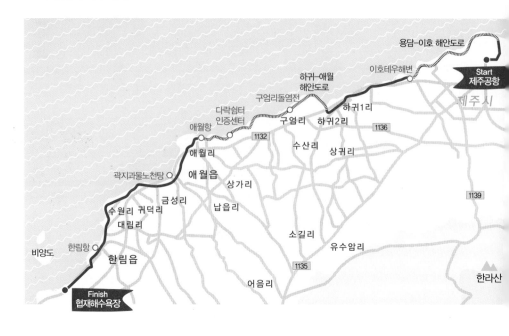

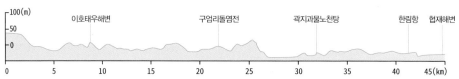

코스 가이드

제주도는 우리나라에서 가장 넓은 섬이다. 울릉도보다 25배나 크다. 이 섬에는 해안선을 따라 약 260km의 해안도로가 만들어져 있다. 자전거로 섬 일주를 계획한다면 3일을 잡아도 하루에 80km 이상을 달려야 한다. 그러나 아름다운 경치가 발길을 붙잡아 생각만큼 빨리 갈 수 없다. 시간 여유만 있다면 가능한 여유 있게 일정을 잡는 게 좋다.

제주시에서 출발해 바다와 만나면 그 다음부터는 최대한 해안가에 붙어서 달린다. 해안도로가 없는 곳에서는 1132번 도로를 잠시 타고 달렸다가 다시 해안도로를 만나면 해변으로 붙어 달린다. 막다른 길로 접어들어 되돌아 나올 때도 있지만 그것 자체가 재미있다.

난이도

최대 고도가 50m를 넘지 않는 거의 평탄한 평지 구간이다. 속도를 올리지 못하게 방해하는 것은 주변의 풍광뿐, 도로의 경사도나 차량 스트레스도 무난한 편이다.

① 넓은 백사장과 야자수를 배경 삼아 캠핑할 수 있는 협재해수욕장. ② 삼대국수회관의 고기국수. ③ 이호테우해수욕장의 송림, 야영이 가능하며 Wi-Fi가 지원된다.

보급 및 식사

제주에는 다양한 종류의 국수가 있다. 그 중 고기국수는 한끼 식사로 부담이 없다. 일본 라면 같이 국수 위에 돼지고기 고명을 얹은 모양이 특이하다. 신산공원 맞은편에 있는 **삼대국수회관(☎** 064-759-6644, 제주시 일도2동 1045-12)와 **자매국수(☎** 064-727-1112, 제주시 일도2동 1034-10)가 유명하다.

숙박

제주도는 섬 전체가 유명 관광지인 탓에 코스 곳곳에 숙식을 제공하는 업소들이 많다. 최근에는 도보여행자를 위한 게스트하우스도 많아 취향에 따라 선택하면 된다. 제주시~협재 구간에는 **제주도게스트하우스 협재정류장(☎** 0507-1322-8968, 제주시 한림읍 한림로 391), **쉼게스트하우스(☎** 010-9322-9537, 제주시 한림읍 옹포2길30) 등이 유명하다.

해안도로 인근 해변에서 캠핑이 가능하다. 이호테우해변은 송림 속에 텐트를 칠 수 있는데, 무선 인터넷도 가능하다. 5월에도 야영하는 팀들을 어렵지 않게 볼 수 있다. 협재해수욕장은 상당히 넓은 야영장이 있다. 하지만 여름 성수기 전에는 조용한 편이다.

형제섬이 있는 바다를 향해 달리는 낭만가도

제주도 일주2
(협재~모슬포~서귀포시)

>> >> 볼 것 많고 구경할 것 많은 제주의 서쪽 해안도로 구간이다. 해안
도로에서 바라보는 섬들도 멋있다. 특히, 형제섬이 바라보이는 형제해안
도로가 일품이다. 화순해변에서 중문관광단지를 거쳐 서귀포로 가는 길
에 약간의 업힐이 있지만 문제될 게 없다. 70km를 주행하는 데 하루가
모자랄 지경이다.

난이도	60점
코스 주행거리	73km(중)
상승 고도	574m(중)
최대 경사도	10%이하(중)
칼로리 소모량	2,029kcal

누적 주행거리 118km

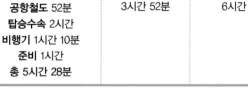

├── 1일차 45km ──┤	├──────── 2일차 73km ────────┤		
제주시	협재	모슬포	중문관광단지 서귀포시

누적 소요시간 15시간 20분

가는 길	1일차 제주시~협재	2일차 협재~서귀포시
자전거 26분 공항철도 52분 탑승수속 2시간 비행기 1시간 10분 준비 1시간 총 5시간 28분	3시간 52분	6시간

협재해수욕장에서 서귀포에 이르는 이 구간은 제주도의 서쪽 해안선을 따라서 달리는 코스다. 어느 쪽에서 본들 제주의 해안이 아름답지 않을까마는 이 구간에서는 특히 제주의 부속 섬들을 많이 볼 수 있다. 협재 앞바다에 있는 비양도를 시작으로 차귀도, 가파도, 형제섬까지, 섬에서 바라보는 섬의 모습은 또 다른 절경이다. 특히, 형제섬이 바라보이는 형제해안도로는 한국의 아름다운 길 100선에 선정된 멋진 해안도로로 유명하다. 송악산 옆으로 지나가는 언덕을 넘어서자마자 눈앞에 펼쳐지는 바다와 그 위에 떠 있는 형제섬의 모습은 이 구간의 하이라이트라고 할 수 있다.

코스 중간중간에는 월령리 선인장 자생지, 신창풍차해안, 수월봉 화산쇄설암층(천연기념물), 산방굴사, 용머리해안, 중문관광단지, 외돌개, 천지연폭포까지 관광명소들과 비경들이 연이어 있어 시간관리가 아주 어렵다. 또한 이 구간은 제주도환상자전거길 중에서 유일한 업힐이 있다. 산방굴사 초입 사계항부터 1132도로와 1116도로가 만나는 창천교까지 업힐이 길게 이어져 라이더를 꽤나 지치게 만든다. 제주도 일주도로에서 최대의 난코스라 할 수 있다. 특히, 산방굴사 인근은 도로 폭도 좁아서 더욱 힘들게 느껴진다. 이 구간을 통과하면 바로 중문관광단지로 진입하게 되는데, 여기서 다시 1132도로를 벗어나 해안선 쪽을 따라 달리면 작은 업다운을 반복하며 강정마을을 지나 서귀포까지 연결된다.

협재를 출발해 월령리로 가면 선인장 자생지를 지난다. 이곳은 국내에서는 보기 드문 선인장 군락지다. 제주도에서는 뱀이나 쥐를 막기 위해서 울타리나 담에 선인장을 심었는데, 그것들이 퍼져서 현재의 군락이 형성되었다는 이야기도 있다. 자생지 사이로 약 200m 길이의 탐방데크가 만들어져 있어 걸어볼 수 있다.

① 협재해수욕장에서 바라본 비양도.
② 제주환상자전거길의 풍경.

① 신창 풍차 해안의 풍력발전소.
② 송악산 중턱에서 만난, 방목 중인
조랑말. ③ 서귀포 외돌개.

선인장 군락을 벗어나자 이번에는 신창의 풍차가 반긴다. 수십 기의 거대한 풍력발전기가 서 있는 모습은 바다와 대비되며 장관을 이룬다. 풍차의 거대한 바람개비 숲을 뚫고 달리면 바다 건너에 차귀도가 보인다. 협재에서 라이딩을 시작한지 1시간도 지나지 않았지만, 비경들은 쉴새 없이 몰아치며 라이더의 눈앞에 펼쳐진다.

차귀도를 뒤로하고 해안도로는 모슬포항까지 길게 이어진다. 반복되는 주위 풍경에 이제는 익숙해질 무렵 어느새 길은 국토 최남단 해안도로라는 명칭으로 바뀐다. 드디어 형제 해안도로를 달리기 시작하는 것이다.

송악산을 끼고 오르는 완만한 언덕을 넘어가면 눈앞에 내리막길과 함께 형제섬이 드라마틱하게 나타난다. 이곳부터 사계항까지 제주올레길10코스와 함께 이어지는데, 2일째 라이딩 코스 중 가장 인상적인 구간이다. 사계항부터 중문단지 입구까지는 업힐이 길게 이어진다. 완경사 구간이지만 바다와 멀어져 힘들게 느껴진다. 이곳을 넘어가면 중문까지 내리막길이 길게 이어진다.

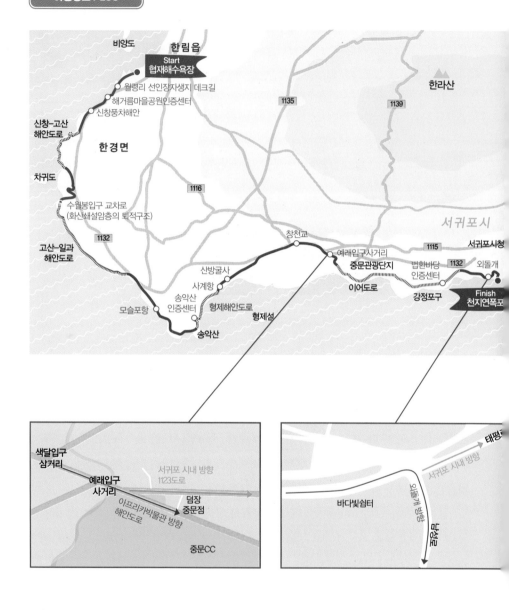

비양도

한림읍
Start
협재해수욕장

월령리 선인장자생지 데크길
해거름마을공원인증센터
신창풍차해안

한라산

1135

1139

신창-고산
해안도로

한 경 면

차귀도

수월봉입구 교차로
(화산쇄설암층의 퇴적구조)

서귀포시

창천교

예래입구사거리

1115

서귀포시청

1116

중문관광단지

법환바당
인증센터

1132

외돌개

Finish
천지연폭포

1132

고산-일과
해안도로

산방굴사

이어도로

사계항

강정포구

송악산
인증센터

모슬포항

형제해안도로

형제섬

송악산

색달입구
삼거리

예래입구
사거리

서귀포 시내 방향
1123도로

덤장
중문점

아프리카박물관 방향
해안도로

중문CC

태평

바다빛쉼터

서귀포 시내 방향

오돌개해안

남성로

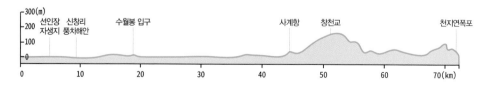

300(m)
200
100
0

선인장
자생지
풍차해안

신창리

수월봉 입구

사계항

창천교

천지연폭포

0   10   20   30   40   50   60   70(km)

① 서귀포매일올레시장. ② 마트마다 판매 중인 제주막걸리. ③ 제주도 흑돼지와 쏨뱅이, 그리고 소라 구이.

코스 가이드

전반적으로 해안도로를 따라가는 코스이며, 사계항에 서부터 바다와 멀어진다. 업힐 구간을 통과한 뒤 다시 해안 쪽으로 들어가려면 예래삼거리에서 1123도로를 따라가지 말고 아프리카박물관 쪽으로 내려간다. 외돌 개로 가려면 태평로를 따라가다 남성로로 진입(표지판 있음)해야 한다.

난이도

협재해수욕장부터 사계항까지는 경사가 거의 없는 평지구간이다. 하지만 사계항부터 창천교까지 약 7km는 오르막 구간으로, 사계항에서 산방산까지 1km는 급경사가 짧게 이어지고, 이후 창천교까지는 완경사가 길게 이어진다.

보급 및 식사

해안도로를 따라서 음식점이 많아 선택의 폭이 넓다. 대정읍에 있는 **홍성방**(☎ 064-794-9555, 서귀포시 대정읍 하모리 938-4)은 푸짐한 해물짬뽕(1만2,000원)이 대표메뉴다. 서귀포 시내에 있는 **삼보식당**(☎ 064-762-3620, 제주 서귀포시 중정로 25)은 전복뚝배기(1만8,000원)를 잘한다. 서귀포시 **매일올레시장**(☎ 064-762-1949, 서귀포시 서귀동 277-1)은 제주올레6코스에 연결되어 있는데, 싱싱한 해산물과 다양한 먹거리로

유명하다. 모닥치기와 빙떡 등의 군것질거리들도 많다.

숙소

서귀포 시내에 숙박시설이 밀집해 있어 선택의 폭이 넓다. 그 중에서 **헤이서귀포**(☎ 064-763-0024, 서귀포시 태평로363)는 예약 플랫폼에서 직영하는 숙소다. 가성비가 좋고 자전거길에 인접해 있어 주변 환경이 좋다.

여행정보

1132도로 : 제주도를 한 바퀴 도는 일주도로다. 차도 옆으로 자전거도 주행할 수 있도록 별도로 구획이 구분되어 있는 곳도 있어 자전거로 이용하기 편리하다. 이 도로를 타면 빠르게 일주가 가능하다. 하지만 이 길만 따라 돌아서는 제주도를 제대로 둘러봤다고 말하기 어렵다. 따라서 해안도로 표시가 나오면 주저하지 말고 바닷가 쪽으로 붙어 달리는 것을 추천한다.

제주의 술 : 제주도의 소주는 한라산이다. 녹색 병과 투명한 병, 두 종류가 있는데, 녹색 병(19도)보다 투명한 병(21도)이 도수가 좀 더 높다. 현지인들은 투명한 병을 '노지'라 부르며 즐겨 마신다. 제주에는 감귤막걸리부터 땅콩막걸리까지 다양한 막걸리가 있다. 그 중 제주막걸리가 부드러운 맛으로 가장 유명하다.

마법의 성처럼 우뚝 솟은 성산일출봉을 향해

제주도 일주3
(서귀포시~표선~성산포)

>> >> 표선해수욕장과 성산일출봉이라는 굵직한 볼거리를 경유하는 구간이다. 제주도의 남동쪽 해변을 따라 달리는 구간으로 업힐 없이 무난하게 갈 수 있다. 성산포항에서는 우도로 들어가서 라이딩을 즐길 수도 있고, 용눈이오름과 비자림을 돌아내려오는 내륙지역 코스로도 잡을 수도 있다. 2박3일 일정이라면 제주시까지 나머지 구간을 달려서 제주도 일주를 마무리한다.

난이도　30점

코스 주행거리	46km(중)
상승 고도	210m(하)
최대 경사도	5% 이하(하)
칼로리 소모량	1,151kcal

누적 주행거리　164km

|← 1일차 45km →|← 2일차 73km →|← 3일차 46km →|
제주시　　협재　　서귀포시　　표선읍　　성산포

누적 소요시간　18시간 40분

가는 길	1일차 제주시~ 협재	2일차 협재~ 서귀포시	3일차 서귀포시~ 성산포
자전거 26분 공항철도 52분 탑승수속 2시간 비행기 1시간 10분 준비 1시간 총 5시간 28분	3시간 52분	6시간	3시간20분

서귀포에서 시작해 성산일출봉에 이르는 약 46km의 자전거길은 제주의 남동부 해안을 따라 달린다. 이 해안은 제주의 다른 곳보다 덜 알려졌다. 하지만 쇠소깍처럼 최근에 부각된 새로운 여행지가 있다. 또 하얀 백사장이 투명하게 보이는 표선해수욕장도 쉽게 맛볼 수 없는 감동을 준다. 쇠소깍은 이미 널리 알려진 관광지와 달리 최근에 제주에서 주목받는 관광명소 중 한 곳이다. 민물과 바닷물이 만나 깊은 웅덩이를 만든 이곳에서 노 대신 줄을 당기며 끄는 테우라는 뗏목을 타볼 수 있다. 바닥이 투명한 카약도 체험할 수 있다. 용암이 흘러서 만들어진 깊고 아늑한 계곡에서 유유히 카누를 타고 노니는 사람들의 모습은 동남아의 어느 밀림 속에 들어온 듯한 착각을 불러일킨다.

표선해수욕장은 약 8만평에 이르는 드넓은 모래사장이 아주 인상적인 곳이다. 특히, 이 모래사장은 밀물 때는 바닷물이 밀려 들어와 낮은 수심의 백사장이 투명한 호수 같은 경관을 만들어 낸다. 표선해수욕장은 제주올레3코스의 종점이자 4코스의 시점이기도 하다.

표선을 벗어나면 도로는 해변과 조금 멀어졌다가 서동교차로에서 다시 해변도로와 만난다. 이때부터 멀리 성산일출봉을 바라보며 달리게 된다. 성산~세화 해안도로를 따라 올라가는데, 성산일출봉은 눈앞에 잡힐 듯 잡힐 듯 하면서 모습만 조금씩 바뀌가며 보일 뿐 좀처럼 가까워지지 않는다. 성산일출봉의 온전한 모습은 광치기해변에 도착해서야 볼 수 있다. 바다 위에 마법의 성처럼 솟은 성산일출봉의 모습은 한껏 아름답다.

서귀포를 출발하면 성산포까지는 오전이면 라이딩을 마칠 수 있다. 여기서 제주시 제주공항까지는 내처 달리면 반나절이면 갈 수 있다. 2박3일 일정이고, 저녁에 출발하는 비행기라면 서둘러 제주공항을 향해 달린다.

만약 3박4일 일정이라면 한결 여유가 있다. 우도를 자전거로 돌아보는 반나절 코스를 짜도 되고, 중산간지대 오름을 돌아보는 내륙 라이딩을 해도 된다. 다만, 무엇을 해도 서두르면 오히려 손해를 보는 게 제주도 자전거 여행이다.

① 광치기해변에서 바라본 성산일출봉. ② 쇠소깍에서 카누를 즐기는 사람들. ③ 가마교차로 부근의 민속해안로와 자전거도로.
④ 광치기해변에 있는 유채꽃재배단지.

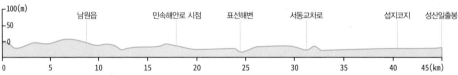

코스 가이드

쇠소깍에서 출발해서 성산일출봉까지 1132도로를 따라 움직이다가 표선 인근에서 민속해안도로를 타고 표선 해수욕장까지 이동해 다시 1132도로를 만나게 된다. 성산포 인근부터는 성산~세화 해안도로를 타고 바닷가에 바짝 붙어서 주행하게 된다.

난이도

이 구간 역시 최대고도가 100m를 넘는 곳이 없는 평지 구간이다. 1132도로에는 차도와 구분되어 있는 자전거 주행도로가 만들어져 있다. 하지만 가로수에 시야가 가리는 곳이 많아 우측에서 갑자기 튀어나오는 차량을 주의하면서 주행해야 한다.

보급과 식사

서귀포에서 출발하면 표선해수욕장 인근이나 성산읍에서 점심을 해결하면 된다. **표선춘자국수(☎ 064-787-3124, 제주 서귀포시 표선면 표선리 598-3)**는 멸

캠핑이 가능한 표선해수욕장의 잔디밭.

치국수(4,000원)가 대표메뉴다. 성산항에서 갑문교를 건너가면 있는 **오조해녀의집(☎ 064-784-0893, 서귀포시 성산읍 오조리3)**은 전복죽(1만2,000원)으로 유명한 집이다.

숙소

서귀포~성산일출봉 코스 주변의 저렴하고 평이 좋은 숙소는 **와하하게스트하우스(☎ 010-3268-4948, 서귀포시 표선면 1299)**, **미도모텔(☎ 064-782-0820, 서귀포시 성산읍 성산리 230-15)** 등이 있다.

캠핑 : 표선해수욕장 화장실 옆으로 바다가 내려다보이는 근사한 잔디밭이 있다. 그러나 이곳은 나무가 없어 그늘이 부족하고 바람이 강한 곳이다. 바다는 보이지 않지만 근린공원 뒷쪽(도로 쪽)이 바람을 피하기에 좋아 보인다. **모구리야영장(☎ 064-760-3408, 제주 서귀포시 성산읍 서성일로 260)**은 코스에서는 벗어나 있지만 차량으로 점프가 가능하다면 베이스캠프 삼기에 좋은 곳이다. 모구리오름에 위치한 이곳은 전기, 화롯대(숯만 사용가능), 온수샤워가 가능한 편의성이 높은 야영장이다. 요금은 성인 1인 3,000원 청소년 2,000원. 단, 야영장이 오름 중턱에 있어 바람이 강하다. 별도의 대피소가 있다.

여행정보

쇠소깍은 국가지정문화재 명승지다. 서귀포시를 흐르는 효돈천의 하구 일대를 일컫는다. 소가 누워 있는 연못이라는 '쇠소'와 끝을 의미하는 '깍'이 합쳐진 제주방언이다. 현무암을 흐르던 지하수가 분출해서 바닷물과 만나 깊은 웅덩이를 만들었다. 과거 기우제를 지내던 신성한 곳이다.

제주일주도로인 1132도로는 대부분의 구간이 차도와 분리된 주행차선이 별도로 있어 자전거 타기에 좋다. 그러나 우측 방향에서 수시로 차량들이 차도로 진입하기 때문에 이점을 주의해서 라이딩해야 한다. 특히 가로수로 시야가 가려진 구간에서는 속도를 낮추고 우측을 주시하며 통과해야 한다.

1132 일주도로를 따라 주행하는 라이더.

머릿속까지 파랗게 물들이는 월정리해변의 파도

제주도 일주4
(성산포~함덕~제주시)

>> >> 제주도 일주코스 중 해안도로를 라이딩하기에 가장 좋은 구간이
다. 그중에서도 월정리해변이 가장 인상적이다. 푸른 파도가 해변을 향해
밀려오던 풍경의 잔상이 여행을 다녀온 뒤에도 오래도록 기억 속에 남는
다. 시간 여유가 있다면 함덕해수욕장에서 바다 카약을 하며 시간을 보
내도 좋겠다. 다만, 제주공항에는 자전거 수화물 포장을 감안해 비행기
출발시간보다 2~3시간 일찍 도착한다.

난이도　50점

코스 주행거리	68km(중)
상승 고도	253m(하)
최대 경사도	5% 이하(하)
칼로리 소모량	1,225kcal

누적 주행거리　232km

	1일차 45km		2일차 73km		3일차 46km			4일차 68km	
제주시		협재		서귀포시		성산포	월정리	함덕	제주공항

누적 소요시간　30시간 08분

가는 길	1~3일차 제주시~ 성산포	4일차 성산포~ 제주공항	오는 길
자전거 26분 공항철도 52분 탑승수속 2시간 비행기 1시간 10분 준비 1시간 총 5시간 28분	총 13시간12분	6시간	탑승수속 2시간 비행기 1시간 10분 준비 1시간 공항철도 52분 자전거 26분 총 5시간 28분

성산포에서 제주시로 가는 중간의 해맞이 해안도로(김녕~오조 해안도로)는 제주도에서 가장 아름다운 해변도로 중 한 곳이다. 특히, 성산에서 김녕해수욕장까지는 해안선과 맞붙어 달리는 해안도로에 자전거도로가 만들어져 있어 라이딩하기에 더할 나위 없이 좋다.

제주 사람들은 제주의 바다색은 모두 다르다면서도 북동쪽 바다가 가장 아름답다고 말한다. 흔히 말하는 에메랄드빛 바다가 이곳에 있다는 것이다. 성산~제주시 구간에는 하도, 세화, 평대, 월정리, 김녕, 함덕, 삼양검은모래 등 수많은 해변이 있다. 이 가운데 함덕해수욕장이 관광지로 유명하지만 최근에는 월정리해변이 새롭게 각광을 받고 있다.

월정리해변은 한적했던 어촌마을이었지만 아름다운 해변에 어울리는 특색 있는 카페들이 들어서면서 유명세를 타기 시작했다. 이곳은 해변으로 길게 밀려들어오는 파도의 모습이 인상적이다. 이 해변에서 파도타기를 즐기는 사람들도 심심치 않게 볼 수 있다. 또 해안선을 따라 올레20코스가 지나가는 까닭에 올레꾼을 필두로 많은 관광객이 찾는다.

성산포를 출발해 해안도로를 따라 가면 우도로 가는 배편이 운항하는 두문포항에 닿는다. 이곳부터 해맞이 해안도로가 시작된다. 해안도로는 바닷가에 찰싹 붙어 해안선을 따라간다. 해안도로를 달리다보면 바다 건너 우도와 성산일출봉이 서로 사이좋게 마주 보고 있다.

두문포항을 지난 해안도로는 하도, 세화 해수욕장을 지나 평대해변에 닿는다. 평대해변을 지나면 해안선을 따라 우뚝우뚝 솟은 풍력발전기가 나타난다. 해변도로를 따라 걷는 올레꾼들도 눈에 띈다. 제주도 동부 최고의 해변이라 불리는 월정리가 가까워진 것이다.

① 해맞이 해안도로에서 바라본 바다.
② 종달리 해안도로로 표시되어 있는 해맞이 해안도로 초입.

① 평대리 인근에 있는 풍력발전기.
② 카페 2층 옥상에서 바라본 월정리해변.
③ 함덕해수욕장 인근 해안도로.

며칠 동안 제주도를 일주하며 수도없이 본 바다지만, 월정리 해변의 바다는 다르다. 하얀 물보라를 일으키며 해변으로 밀려오는 파도의 모습이 장관이다. 월정리 해변의 아름다운 모습은 2층 옥상에 테이블이 있는 카페에서 커피를 마시며 내려다 봐야 한껏 운치가 있다.

월정리를 지나도 제주도 해변의 행렬은 멈추지 않는다. 해안도로를 따라 난 자전거길은 김녕해변을 거쳐 함덕해변으로 안내한다. 어느 한 곳 그냥 지나칠 수 없는 아름다운 해변이다. 끝없는 해변의 행렬은 조천읍에서 작별한다. 이제부터는 1132 제주일주도로를 따라 제주공항을 향해 달릴 일만 남았다.

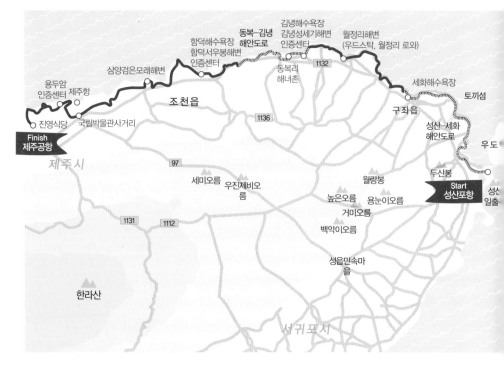

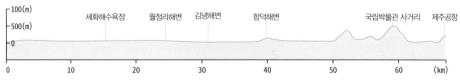

① 제주환상자전거길 안내표시.
② 함덕서우봉해변인증센터.

① 제주공항 인근에 위치한 진영식당. ② 동복리해녀촌의 회국수. ③ 서울식당의 돼지갈비.

코스 가이드

성산부터 김녕해수욕장까지는 해변도로에 만들어진 자전거 전용도로를 이용해 편안한 마음으로 라이딩이 가능하다. 김녕을 벗어나면 잠시 1132 일주도로를 만나 함덕해수욕장으로 이동해 해안도로로 진입한다. 함덕에서 제주 시내까지는 다시 1132도로를 타고 간다.

난이도

종달리를 출발해서 50km까지는 거의 평지 구간이다. 제주시에 가까워지면서 나지막한 업힐을 만난다. 또 삼양검은모래해수욕장과 제주시내에서 제주항으로 넘어갈 때도 업힐 구간이 있다.

보급 및 식사

해안도로를 따라 마을이 많아 보급과 식사는 걱정할 필요가 없다. 동복리해녀촌(☎ 064-783-5438, 제주시 구좌읍 동복리 1502-1)은 회국수가 대표메뉴다. 회는 물론이고 함께 비벼먹는 국수의 식감도 괜찮다. 음식의 양도 모자라지 않다. 회국수 1인분 1만2,000원. 함덕해수욕장에 있는 서울식당(☎ 064-783-8170, 제주시 조천읍 함덕리 1002-24)은 푸짐하게 주는 돼지갈비로 유명하다. 월정리의 터줏대감 고래가 될 카페 자리에는 우드스탁(☎ 064-782-6948, 제주시 구좌읍 월정7길 52)이 들어섰다. 옛 포토존은 여전히 남아있다. 월정리로와(☎ 064-783-2240, 제주시 구좌읍 월정리6)는 2층 옥상에 마련된 테이블에서 내려다보는 월정리 해변 풍경이 일품이다. 제주공항 인근에 있는 진영식당(☎ 064-711-2193, 제주시 용담2동 630-5)은 관광객이 아닌 현지인을 상대로 하는 순대국밥집으로 맛과 가격, 서비스 모두 만족스럽다. 순대국밥 8,500원.

숙소

성산~제주시 구간에서는 바비큐 파티로 유명한 소낭게스트하우스(☎ 064-782-7676, 제주시 구좌읍 월정리 891-7)와 독특한 분위기로 알려진 아프리카게스트하우스(☎ 070-7761-4410, 제주시 조천읍 신흥리 61) 등 많은 게스트하우스가 있다.

삼나무 숲길을 달려 오름왕국에 들다

동부 중산간지대

>> >> '무엇을 상상하던 그 이상을 보게 될 것이다.' 제주도 내륙지역 라이딩을 마무리했을 때 머릿속에 떠오른 문장이다. 제주 동부 중산간지대는 '오름왕국'이라 불린다. 제주의 오름 가운데 2/3가 이곳에 있다. 제주의 신화를 간직한 오름 사이를 달리다보면 업힐의 수고를 보상하고도 남는 감동이 있다.

난이도	70점	코스 주행거리	57km(중)
		상승 고도	691m(상)
		최대 경사도	10% 이상(상)
		칼로리 소모량	1,151kcal

접근성	489km	자전거 6km	공항철도 23km	비행기 460km
		반포대교　서울역	김포공항	제주공항

소요시간 1박2일 추천	10시간 7분	가는 길	코스주행
		자전거 26분, 공항철도 52분	4시간 39분
		탑승수속 2시간, 비행기 1시간 10분	
		준비 1시간 총 5시간 28분	

제주 중산간지대는 독특한 매력이 있다. 해안선을 따라 가는 제주도환상자전거 길은 아름다운 해변이 주인공이다. 반면, 중산간지대는 오름과 숲으로 말한다. 오름은 제주의 기생화산을 일컫는다. 오름은 바라보는 것도 아름답지만, 오름에 올라 내려다볼 때도 아름답다.

제주 동부 중산간지대 라이딩의 또 다른 즐거움은 삼나무숲 터널을 이룬 비자림 로 주행이다. 비자림로는 제주시 봉개동 516도로 교차로에서 시작해 평대삼거리까지 연결되는 27km 도로다. 이 도로의 공식명칭은 1112번 지방도인데, 2차선 도로 양옆에 삼나무가 병풍같이 늘어섰다. 2002년 건교부가 선정한 전국의 아름다운 도로에서 당당히 대상을 차지할 만큼 아름답다. 비자림로를 달리려면 한라산 중턱 해발 600m에 위치한 516교차로까지 올라가야 한다. 이게 만만치 않다. 제주시에서는 516로(1131 지방도)를 타고 가는 게 가장 빠르다. 하지만 이 길은 도로 폭이 좁은 편도 1차선에다 차량통행도 빈번하다. 자전거로 올라가려면 차량 스트레스와 함께 진땀을 흘려야 한다. 그래서 조금 돌아가도 97번과 1118 도로를 이용해 1112도로까지 올라가는 것을 택한다. 97번 도로는 완경사이면서 갓길에 자전거도로가 있어 주행하기가 한결 수월하다. 지루한 업힐 끝에 교래삼거리에 닿으면 비자림로와 만난다. 이곳부터 울창한 삼나무숲 사이로 난 길을 달린다. 도로를 따라 도열한 높고 푸른 삼나무 사이로 질주하는 기분은 유쾌 상쾌 통쾌하다. 이곳을 올라오느라 들인 수고를 한 번에 날려보낸다. 특히, 비자림로가 완경사 다운힐이라 더욱 경쾌하다.

비자림로를 따라가면 금방 제주 동부의 중산간지대에 닿는다. 가을이면 억새가 만발하는 금백조로와 송당6길을 요리조리 찾아 달리면 아부오름 지나 용눈이오름이 나온다. 용눈이오름은 경사가 완만하다. 하지만 오름 정상의 조망은 탄복할 만큼 아름답다. 봉긋봉긋 솟은 크고 작은 오름과 멀리 바닷가에 우뚝 솟은 성산일출봉의 그림같은 자태가 이곳이 '오름왕국'이라 사실을 일깨워준다.

삼나무 가로수가 울창한
비자림로.

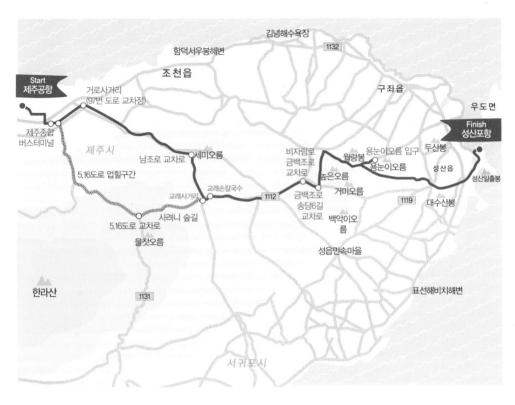

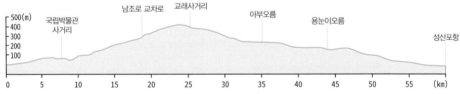

코스 가이드

제주공항에서 제주시내를 관통해 거로사거리로 간다.
이곳에서 97번 도로를 따라 업힐을 시작한다. 완만하
면서 지루한 업힐은 1118번 도로와 만나는 남조로 교
차로까지 10km쯤 이어진다. 업힐은 남조로 교차로에
서 1118번 도로를 따라 비자림로(1112번 도로)와 만나
는 교래사거리까지 이어진다. 이후에는 비자림로, 금
백조로, 송당 6길을 따라서 완경사 내리막 구간을 주
행하게 된다.

① 대우정의 전복돌솥밥. ② 교래손칼국수집의 토종닭칼국수. ③ 제주시외버스터미널.

난이도

97번 도로는 경사도 5% 이하의 완경사 업힐이 10km에 걸쳐서 이어져 상당히 지루하고 라이더를 지치게 만든다. 1118도로 구간은 자전거도로는 없다. 하지만 오르막길이 2차선이라 통행하는 차량으로 인한 스트레스는 덜한 편이다.

보급 및 식사

제주시의 동문시장은 싱싱한 해산물들로 가득한 곳이다. 방어, 자리돔, 갈치, 소라 등을 저렴하게 구입할 수 있다. 오메기떡도 별미다. 동문시장에 있는 사랑분식(☎ 064-757-5058, 제주시 일도1동 1144-2)은 떡볶이와 만두튀김으로 유명한 곳. 일명 사랑식은 5,500원이다. **광명식당**(☎ 064-757-1872, 제주시 일도1동 1103)은 순대국밥(9,000원)이 맛있다. 제주시외버스터미널 인근에 있는 **대우정**(☎ 064-757-9662, 제주시 삼도1동 569-27)은 전복돌솥밥(1만4,000원)을 잘한다. 교래삼다수마을은 토종닭요리를 잘하는 집이 많다. **교래손칼국수**(☎ 064-782-9870, 제주시 조천읍 교래리 491)는 푸짐한 토종닭칼국수(1만1,000원)가 대표메뉴다.

★TIP★ 제주에서 대중교통을 이용해 점프하기

제주도 자전거 여행을 하다보면 어쩔 수 없이 차량을 이용한 점프를 해야 되는 상황에 처할 수 있다. 이럴 때는 콜밴과 자전거숍의 밴, 시외버스를 이용할 수 있다. 제주에서 성산포까지 콜밴을 이용할 경우 2인 기준 6만5,000원 선이다. 현지 자전거숍의 밴이나 트럭을 이용할 때도 7만원 정도의 비용이 발생한다. 제주공항에서 급행버스 111번을 이용하면 성산까지 이동할 수 있다. 요금 3,000원, 1시간 10분 소요. 그러나 짐칸에 여행객의 캐리어가 가득한 경우가 대부분이라 자전거를 탑재하지 못할 가능성이 크다. 제주시외버스터미널(064-753-1153, 제주시 오라1동 2441)은 제주공항에서 약 3km 거리다. 제주에서 운행되는 시외버스는 뭍에서 운행되는

시내버스와 고속버스 기종이 섞여 있다. 따라서 버스 짐칸에 화물적재는 가능하지만 화물칸의 크기가 작아서 폴딩형이 아닌 일반 자전거의 적재가 불가한 경우가 발생한다. 제주도에서 시외버스로 자전거를 옮길 때에는 노선에 따라, 그리고 어떤 종류의 버스가 걸리느냐에 따라서 화물칸에 실을 수도 있고 싣지 못할 수도 있다.

아름답고 황홀한 섬 속의 섬

우도

>> >> 우도는 제주 본섬과는 또 다른 매력을 간직한 곳이다. 제주도 자전거 여행을 하며 이 섬을 그냥 스쳐 지나가는 것은 너무 아까운 일이다. 우도는 마지막 배로 들어와서 1박을 하고 다음날 아침에 나오는 것이 시간 절약도 되고, 섬이 가장 한가한 때에 라이딩을 할 수 있다. 일정상 어렵다면 가급적 이른 아침에 들어가 라이딩을 한다. 우도는 배 타고 오가는 시간 포함해 반나절이면 충분하다.

난이도	30점	코스 주행거리	13Km(하)
		상승 고도	82m(하)
		최대 경사도	5% 이하(하)
		칼로리 소모량	570kcal

누적 주행거리	70km	┣━━ 제주내륙 57km ━━┫ ┣━ 우도일주 13km ━┫ 제주공항 ○─────────────○ 성산포 ○──── 우도(하우목동)

누적 소요시간 1박2일 추천	11시간 37분	가는 길 자전거 26분, 공항철도 52분 탑승수속 2시간, 비행기 1시간 10분 준비 1시간 총 5시간 28분	제주 내륙 4시간 39분	우도 일주 1시간 30분

우도는 제주도에 딸린 섬 중에서 가장 크다. 그렇다고 아주 큰 섬은 아니다. 우도 해안선 둘레는 17km. 자전거로 1~2시간이면 돌아볼 수 있다. 도보 여행자도 반나절이면 돌아볼 수 있는 아담한 섬이다.

우도는 제주도와는 또 다른 매력이 있다. 우도에는 해변이 산호껍질이 쌓여 만들어진 서빈백사해변이 있다. 새하얀 산호껍질과 투명한 바다가 어울린 해변은 제주의 해변 가운데 최고로 손꼽는다. 우도 동쪽에는 검멀레동굴이 있다. 드센 파도에 깎여 만들어진 해벽 동굴이 절경이다. 섬에서 가장 높은 소머리오름에 오르면 성산일출봉과 한라산이 오롯이 솟아 있는 제주도를 볼 수 있다. 밤에는 야간조업 하는 어선들이 밝힌 환한 작업등이 빛나는 것을 볼 수 있다.

사실, 제주도환상자전거길에서 우도를 넣는 경우는 많지 않다. 성산항에서 배를 타고 우도에 들어갔다 와야 하는 번거로움 때문이다. 하지만 우도를 빼놓으면 두고 두고 후회한다. 제주도의 축소판 같은 이 섬은 그만큼 매력적이다. 우도 자전거 여행은 우도에서 1박을 하는 일정으로 잡으면 좋다. 막배를 타고 우도로 들어가 저물녘에 섬을 돌아본 뒤 이른 아침 첫배로 나온다. 관광객 대부분은 제주에서 숙박하기 때문에 막배가 떠나고 나면 섬은 고요하다. 이때 자전거를 타고 섬 구석구석을 돌아보면 우도 본연의 아름다움을 오롯이 즐길 수 있다. 특히, 석양 무렵 시시각각으로 변하는 하늘과 바다, 제주도 풍경은 평생 잊지 못할 감동을 준다.

우도 자전거 여행은 어떤 선착장으로 들어갔는가에 따라 달라진다. 천진항으로 들어오면 시계 방향, 하우목동으로 들어오면 시계 반대 방향으로 돈다. 그 이유는 우선 서빈백사해변을 먼저 보고 싶어서다. 만약, 하우목동 선착장으로 들어갔다면 서빈백사해변을 거쳐 천진항으로 간다. 자전거를 두고 걸어 올라야 하는 소머리오름은 선택사항이다. 그 다음 검멀레동굴을 돌아본 뒤 하고수동으로 간다. 하고수동은 마을 안쪽까지 깊이 치고 들어온 아늑한 해변과 비양도 풍경을 즐길 수 있다.

① 부서진 산호 껍질도 만들어진 서빈백사해변. ② 해안 절벽이 웅장한 검멀레해변.

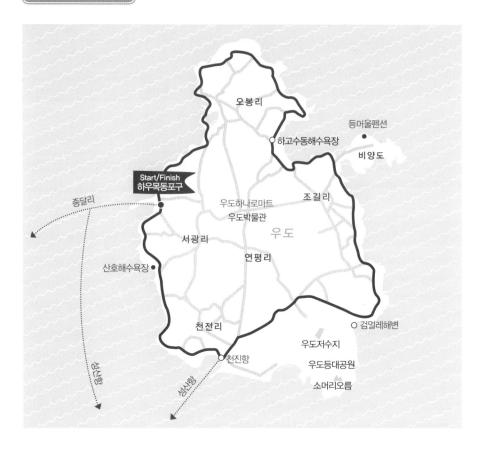

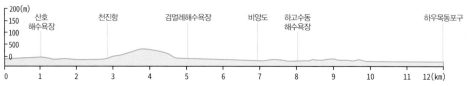

코스 접근

성산포항에서 우도로 들어가는 도선이 수시로 운항한다. 성인 왕복요금은 1만500원이다. 자전거를 휴대할 경우 1,000원을 추가로 지불해야 한다. 소요시간은 약 20분. 제주도 종달리에서 하우목동선착장으로 오가는 도선도 있다.

코스 가이드

우도의 면적은 5.9km². 서해안의 신도(6.0km²), 장봉도(7.0km²)와 비슷한 크기다. 해안선은 약 17km. 종달리에서 봤을 때 마치 소가 누워 있는 것 같다고 해서 우도라고 불린다. 섬의 남쪽에 우도에서 가장 높은 소머리오름이 솟아 있다.

① 우도에서 비양도로 들어가는 연결도로. ② 우도 관광을 마치고 배에서 하선하는 관광객들.
③ 성산포항여객터미널.

해안선을 따라서 약 13km의 해안일주도로가 만들어
져 있다. 소머리오름이 있는 섬의 남쪽지역을 제외하
면 평평한 지형이다. 하우목동포구에서 출발해 시계
반대방향으로 돌게 되면 천진항에서 검멀레해변까지
잠시 바다와 떨어져서 달리게 된다.

난이도
천진항에서 검멀레해변으로 넘어가는 작은 언덕을 제
외하면 업힐 구간은 없다. 관광지로 유명한 곳이기에
선착장 주변은 몰려드는 관광객과 자동차로 분주하다.
하지만 마지막 배가 떠나고 나면 차량통행이 거의 없
다. 해가 지면 해안도로를 따라 아기자기한 불빛의 표
시등이 켜진다.

보급 및 식사
우도면사무소가 있는 섬의 중심부에 **농협하나로마
트(☎** 064-783-0008, 우도면 연평리 1494-1)가 있
다. **로뎀가든(☎** 064-782-5501, 제주시 우도면 연평
리 2515)은 한치주물럭(1만8,000원)과 한라산볶음밥

(5,000원)이 대표메뉴다. **회양과국수군(☎** 064-782-
0150, 제주시 우도면 연평리 2473)은 회국수(1만2,000
원)와 돌문어해물탕(5만9,000원)이 맛있다.

숙소
우도에 딸린 섬인 비양도에는 **등머울펜션(☎** 010-
3748-3604, 제주시 우도면 연평리9)이 있다. 럭셔리
한 시설은 아니지만 섬 속의 섬이라는 매력적인 곳
에 위치하고 있다. 1층은 카페도 운영한다. 이곳을 제
외한 다른 숙소들은 제주도를 오가는 배편이 도착하
는 서쪽 하우목동 선착장과 천진항 사이에 모여 있다.
노닐다게스트하우스(☎ 010-5036-5470, 제주시 우도
면 연평리1785)

여행정보
제주도에는 두 곳의 비양도가 있다. 서쪽 협재해수욕
장 맞은편에 있는 비양도는 서비양이고, 우도에 있는
비양도는 동비양이다. 특히, 동비양은 해가 떠오르는
동쪽에 있어 양기가 충만한 섬으로도 알려져 있다.

자전거 여행 바이블 국토종주편

2024년 5월 15일 개정 1판 1쇄 펴냄

지은이 이준휘
발행인 김산환
책임편집 윤소영
디자인 제이
펴낸 곳 꿈의지도
인쇄 다라니
출력 태산아이
종이 월드페이퍼

주소 경기도 파주시 경의로 1100, 604호
전화 070-7535-9416
팩스 031-947-1530
홈페이지 blog.naver.com/mountainfire
출판등록 2009년 10월 12일 제82호

ISBN 979-11-6762-096-5-13980